SeaEagle

SeaEagle

不要讓員工潰敗在晉級的階梯上

·彼·得·原·理·

20世紀
西方文化三大發現
The
Peter
Principle
Every employee tends
to rise to his level of incompetence.

《紐約時報》《經濟學人》 亞馬遜網站
強力推薦！

日子一久，每個職位都會由一個不能勝任的員工擔任

瞭解彼得原理，你永遠無法像現在這樣享有無知的幸福：
你不再盲目地尊崇你的主管或是統御你的下屬。
永遠不會！因為如果你知道彼得原理，你不可能忘記它。——《芝加哥太陽報》

陳立之/著

引言：二十世紀西方文化三大發現

二十世紀是一個經濟快速發展、科技不斷進步、思想文化躍升的時代，人類在各個領域獲得前所未有的突破性進展，探索範圍之廣袤，發現真相之幽微，發明成果之豐盛，遠非以前任何一個時代可以比擬。

在文化領域中，可以稱得上世紀性的發現是什麼？是深埋於地下的遠古文明的重見天日？是始終難見「廬山真面目」的外星人在地球上留下的神秘印跡？是突然之間出現的某門高深莫測、天馬行空、玄而又玄的奇談玄學？

答案出乎你的想像！它們不是遠古文明，也不是外星文明，更不是神奇玄學，而是幾個看似非常平凡但是威力巨大的定律和原理。

它們就是墨菲定律、帕金森定律、彼得原理，三者並稱為「二十世紀西方文化三大發現」。

墨菲定律指出：可能出錯的，終究會出錯。墨菲定律觸及每個人人性深處存在的隱痛，將人們不願意面對的事實曝光於大眾之下。它忠告人們：面對人類的自身缺陷，我們最好還是想得更周到和全面，採取許多預防和保險措施，防止偶然發生的人為失誤導致的災難和損失。「錯誤」與我們一樣，都是這個世界的一部分，狂妄自大只會使我們自討苦吃，畏懼失誤讓我們無法突破自我而獲得新生，我們必須學會如何接受錯誤，並且不斷從中學習成功的經驗。

帕金森定律告訴我們一個道理：不稱職的行政官員如果佔據領導職位，龐雜的機構和過多的冗員就不可避免，庸人佔據高位的現象也不可避免，行政管理系統就會形成惡性膨脹，陷入難以自拔的泥潭。帕金森定律是對官僚機構流弊的辛辣針砭，在人類歷史上，它對由於行政權力擴張引發人浮於事和效率低下的「官場傳染病」，做出大膽和無情的揭露和抨擊。帕金森定律是官僚主義或是官僚主義現象的一種別稱，經常被人們轉載傳誦，用來解釋各種各樣的「官場病」。

彼得原理揭示長久以來存在於組織中被人們漠視的人員任用的陷阱，發掘組織中管理混亂、庸人當道、人浮於事的深層根源。彼得原理警示我們：將一個員工晉升到一個無法發揮才華的職位，不僅不是對他的獎勵，反而使其無法發揮才華，也給組織帶來損失。勞倫斯・彼得對彼得原理的詮釋，成為二十世紀以來最具洞察力的社會和心理領域的創見。

墨菲定律、帕金森定律、彼得原理的發現和提出，在人類歷史上具有開創性的意義，是人類文化史上的三座醒目的里程碑。**它們揭示人們思想認識上的盲點，為人們戰勝自己和挫折指明路徑，點破東西方各界、各行、各級行政組織和企業管理中沿襲已久而根深蒂固的弊病，為組織醫治人事頑症和革新工作局面開出秘方。**如今，三大定律經過人們的發揚光大，越來越顯示其強大效力，許多人借助它們改

·彼·得·原·理·

變自己的命運，許多組織和公司應用它們走出困境和煥發活力，呈現欣欣向榮的輝煌景象。

三大定律是發現者獻給二十世紀的厚禮，對於當時和現下都有重要的警示、借鑑、指導意義。重新認識和瞭解三大定律，不僅是時代的需要，也是走向成功的必修課。有鑑於此，我們邀請學者廣採博集、詳盡考證、精心撰寫，同時結合現實和時代發展趨勢，將每個定律編撰成書，全面解讀每個定律以及與其息息相關的其他定律的內涵、現實指導意義、運用方法。本套叢書內容豐富、解讀精闢、觀點新穎，是讀懂三大定律的理想讀本。

此次，我們將三大定律合集，冠名「二十世紀西方文化三大發現系列」出版，期望可以給讀者認識、瞭解、掌握、應用它們提供一把方便入門的鑰匙，由此登堂入室，領悟三大定律的真諦，進而有所體會和收穫，藉此澄清思想和認識上的誤解，突破生活、人際、學習、工作、事業等方面的困境，為人生注入新鮮血液和強勁動力，開創嶄新廣闊的人生格局！

·彼·得·原·理·

前言：解開層級組織不勝任之謎的鑰匙

一九一九年，管理學家勞倫斯·彼得生於加拿大溫哥華，一九五七年獲得美國華盛頓州立大學學士學位，後來又獲得教育博士學位。他閱歷豐富、博學多才、著述豐富，他的名字被收入《美國名人榜》、《美國科學界名人錄》、《國際名人傳記辭典》等辭書中。

彼得博士在長期的教學過程中，一直關注組織和公司的人員任用和團體效率的問題。他對組織人員晉升的相關現象進行深入透徹的研究，在對千百個關於組織中不能勝任的失敗實例進行分析和歸納以後，提出著名的彼得原理。

彼得博士指出：在一個等級制度中，每個員工趨向於上升到他不能勝任的職位。每個員工由於在原有職位上工作成績表現優異（勝任），就會被提升到更高一級職位；其後，如果繼續勝任就會繼續被提升，直至到達他不能勝任的職位。彼得博士由此得出的推論是：每個職位最後都會被一個不能勝任其工作的員工佔據，層級組織的工作任務多半是由尚未到達不勝任階層的員工完成的。

由於彼得原理的推出，使他無意之間創設一門嶄新的科學——層級組織學。這門科學是解開所有階層制度之謎的鑰匙，因此也是瞭解文明結構的關鍵。凡是置身於商業、工業、政治、行政、軍事、宗教、教育各界的每個人都和層級組織息息相關，都受到彼得原理的控制。彼得原理被認為是與帕金森定律有關聯的。

彼得原理首次揭開層級組織和公司人員任用的弊端，以及由此引發的許多隱患。由此可以解釋：組織機構為什麼效率不高？為什麼管理者不做事，做事的又不是管理者？為什麼組織中總是存在人浮於事、效率低下的問題……

彼得原理提出之後，在社會各界引發強烈迴響，各界人士紛紛給予高度評價。彼得原理給我們怎樣的啟示？**正如美國克萊斯勒汽車公司前總裁艾科卡指出：「彼得原理針對兩個問題，一是如何才可以避免『晉升極限併發症』；二是身為經理級主管，如何才可以知人善任。」**

作為一個管理者，要轉換用人思路，改變單純的「根據貢獻或是資歷決定晉升」的員工任用機制，建立科學合理的員工選聘機制，客觀評價每個員工的能力和程度，將他們安排到其可以勝任的職位。同時，打通員工的晉升通道，讓員工「條條大路通羅馬」，而不是「千軍萬馬過獨木橋」。

本書以翔實的資料、嚴謹的論述、犀利的觀點對彼得原理進行系統深入的解讀，同時對彼得原理的各種變體和衍生定律以及與彼得原理有關的定律和法則也予以收錄，並且進行解析和點評。透過閱讀本書，讀者尤其是管理者不僅可以加深對彼得原理的認識，而且可以學到一門深刻實用的學問，以此指導自己的

·彼·得·原·理·

工作和生活，讓自己的工作和生活邁上更高的台階。

彼得原理是一面鏡子，不僅照出組織和公司治理中的陰影，也照出我們自身的不足，讓管理者茅塞頓開，打開管理的通道，讓員工心明眼亮，邁入職場的坦途。

感謝彼得博士的厚禮，向彼得博士致敬！

目錄

一第二章一 肯德爾法則：知人善任是管理者的必修課

·彼·得·原·理·

一第十二章一

鯰魚效應：用「鯰魚」啟動「沙丁魚」

一第十五章一 南風法則：人性化是管理的最高境界

一第十六章一 托利得定理：廣開言路，集合眾智無往不利

20世紀西方文化三大發現

第一章

彼得原理：不要讓員工潰敗在晉級的階梯上

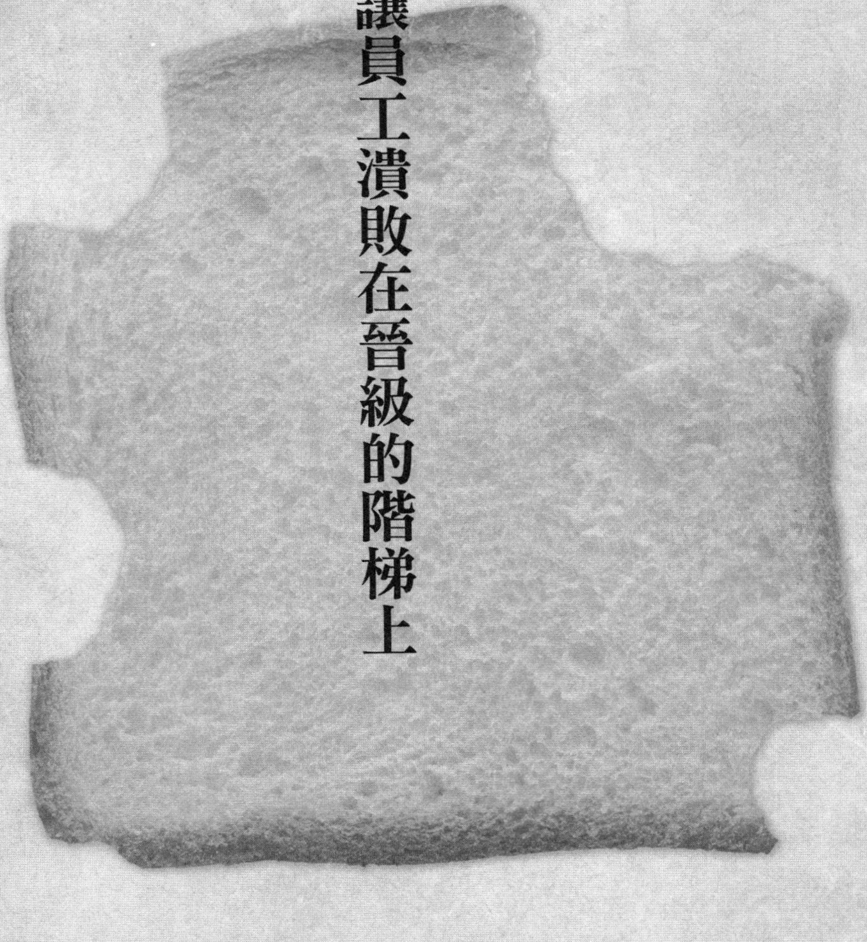

美國管理學家勞倫斯・彼得指出：在現代層級組織中，每個職位最後都會被一個不能勝任其工作的員工佔據，這就是管理學上的彼得原理。

彼得高地——爬不完的晉升階梯

現代的層級組織制度，總是從底層來補充因為晉升、辭職、退休、解雇帶來的空缺。人們總是把層級組織中的晉升看作是「攀登成功之梯」或是「爬上權力之梯」。

層級組織經常被比喻為階梯，因為階梯和層級組織有一些共同特點，例如：階梯可以讓人們向上爬，而且階梯越高，危險越大。

在政府層級組織中，一個稱職的隨從晉升為主管的時候，就會突然不稱職。稱職的員工被提升為主管的時候，就會變成一個不稱職的管理者。以上各類晉升最後變成不勝任，是因為它需要被提升者具備自己以前所在職位不需要的能力。

一個負責品質工作的員工，可能會被提升到一個他可以勝任的監督職位。然後，他或許還可以升任管理方面的主管，雖然做起來有些吃力，但是他努力工作，如果層級組織的其他條件有利，他可能達到一種不稱職狀態——成為一個部門經理，這可能是他可以爬上的最高一層階梯。

這個時候，他需要花費大量時間去做日常工作。如果有一些稱職能幹的員工的支持和幫助，他還可以勉強完成工作。

由於他看起來稱職，加上領導者的聲望，他也許會繼續得到晉升：升任總經理——他現在已經達到最大不稱職狀態。

作為一個總經理，他的主要工作是進行與公司目標和政策緊密相關的決策，從負責品質工作到應付長遠目標，他越來越感到力所難及，不僅給公司帶來損失，也給自己造成很大傷害。

世界上每個職位，都會遇到無法勝任的人。或許某個員工還在勝任或是勉強勝任狀態，但是他的主管已經瀕臨無法勝任。可以想見的是，如果他做得很好，最後會上升到所在的位置。就算他比主管略勝一籌，繼續往上晉升，也會在更高的職位上勉力為之，最後把工作搞得一塌糊塗。

很多人就是這樣，在「爬不完的晉升階梯」上，不斷覬覦更高的職位，得到它以後繼續攀爬，試圖登上職業中的「彼得高地」，進而成為彼得原理的現實注腳。

·彼·得·原·理·

彼得螺旋——為什麼越來越多的人不勝任？

不勝任的問題，有沒有更深刻而普遍的理論淵源？對此，彼得在自己的書中列舉一些格言與詩句加以說明。例如：英國詩人波普的長詩《論人》有這麼一句：

人類會怎樣呢？想要越飛越高，
但是無力達到真正的完善。

這句詩在描述人們的心態，他們對自己勝任的職位不滿意，因為他們已經成功了，需要進一步的挑戰，到達一個更高的層次，所以會不斷地努力。這些不斷攀登的人，無法確認自己可以到達什麼程度，只有等到不勝任出現以後，才可以知道自己的極限。更悲哀的是，不勝任出現以後，依然有許多人不服氣，認為是自己努力不夠，或是運氣不好，或是有什麼因素妨礙自己，還要絞盡腦汁來戰勝自己的不勝任。

在一個等級制組織中，員工會向更高的目標前進，希望晉升到更高的職位，因為更高的職位代表更多的權力和報酬，這是員工的一般心態。然而，或長或短的成功鏈條之尾就是不成功，員工最後會到達晉升的極限，止步於此。所以，彼得聲稱自己的發現是所有社會科學的基礎，自然有他的道理。

層級組織的制度設計，就是要用職位的晉升來調動員工的積極性，使員工產生活力與信心。但是，員工的能量是有限的，在層級組織中出現不勝任者是必然的。**這樣一來，組織就會形成「彼得螺旋」：在出現不勝任者的情況下，增加新員工，以保持勝任者的比例，隨著時間的推移，又會造成更多不勝任者。**

必須提到的是，彼得認為不勝任員工不是故意不稱職。他們想要表現自己的能力，提高組織的效率，維持組織的存在與發展，不稱職是等級制組織造成的身不由己。

大多數員工想要工作，甚至有強烈的積極性，也會為自身的不勝任而苦惱，因為成績不佳而沮喪。組織之所以產生問題，不是因為這些員工懶惰，而是因為他們不勝任。

不要讓員工潰敗在晉級的階梯上

在現實的管理中，我們可以發現這樣的現象：某個員工在較低的職位上做得很好，組織就會將其提升到較高的職位上。結果，本來可以在較低的職位施展才華的人，卻處在一個自己不能勝任但是級別比較高的職位上，並且要在這個職位上一直耗到退休。這種狀況就是典型的彼得原理的表現，對於員工和組織來說，都沒有好處。

以下是彼得博士的研究資料中的一個典型案例：

傑克在汽車維修公司是一個熱忱又聰明的學徒，不久之後被聘為正式的機械師。在這個職位上，他表現傑出，不僅可以解決汽車的疑難雜症，還可以不厭其煩地加以修復，於是又被提升為維修工廠的領班。

然而，在擔任領班之後，他對機械的熱愛和追求完美的性格反而成為他的缺點。因為不管公司的業務多麼忙碌，他還是會承攬任何自己覺得有趣的工作。

他總是說：「我們一定要把事情做好！」他工作的時候，不做到完全滿意絕對不會罷手。他經常親自動手修理拆卸下來的引擎，讓原本從事那個工作的人站在一旁，並且不會給其他工人指派新任務。維修工廠裡總是堆著做不完的工作，交貨時間也經常延誤。傑克完全不瞭解，顧客不在意車子是否修理得盡善盡美——他們只希望可以如期取回車子。傑克也不瞭解，大多數工人對薪資的興趣比對引擎更濃厚。

因此，傑克對自己的顧客和部屬都不能應付得宜。從前他是一位能幹的機械師，現在卻成為不勝任的領班。

像傑克這樣被提拔，許多管理者認為是天經地義的，是對員工工作表現的肯定。因為許多公司把薪水、獎金、頭銜、提拔與員工的工作表現和職業階層掛鉤，所處的階層越高，薪水越高，獎金越豐厚，頭銜越多。雖然這種出發點是好意的，但是把每個員工引領到十分尷尬的境地。

對於一個員工來說，他的表現是否優秀，往往是相對於他的職位而言。過高的晉升，只會讓他從優秀走向不優秀。

作為一個管理者，要把員工安排到一個適合的位置，而不是透過提拔獎勵，讓他們最終迷失，甚至在無盡的晉升階梯中頹廢。

有節制、有理性、有原則地升遷員工

組織往往傾向於根據員工目前的工作成績，直接將員工提升到更高的職位，忽視對員工進行相關考核和培訓。

事實上，員工目前的工作成績與更高的職位沒有必然的關係。其實，更高的職位需要的是更大的膽識、更強的能力、更高的素質，而不是依據員工在目前的職位上做得多麼好。

拿破崙說：「不想成為將軍的士兵，不是好士兵。」但是可以成為將軍的士兵畢竟是鳳毛麟角，大多數士兵只能將連長或是營長當作自己的目標。層級組織也是如此，每個人想要往上爬不是一件好事，因為這樣會帶來紛爭和內耗。一個高效率的組織，需要每個員工可以勝任自己的工作，需要有節制、有理性、有原則地升遷。

換一個角度來說，員工期望得到晉升經常只是為了獲取更多的金錢和權力，不會思考自己是否可以承擔更重的職責。很多員工都會認為自己可以做好助理的事情，也可以做好經理的事情，這是理由不足的主觀臆斷。

彼得原理告訴我們，為了避免員工晉升到不稱職的位置，組織應該減少使用升職加薪，增加使用原職加薪，同時採取帶薪休假和發放獎金等方式來激勵員工。

這樣一來，就要求組織設置明晰的結構體系和靈活的薪酬體系，如果已經被證明是優秀組長的薪水高過沒有被證明是優秀主管的薪水，員工就不會盲目地追求升職，就可以減少不稱職現象的發生。

·彼·得·原·理·

晉升員工要重視潛力，而不是業績

如果簡單地將員工分為兩類，會有以下兩類員工：

第一類是，可以勝任現在的工作，但是已經「定型」，不具備自我提升的素質，只能做好現職工作，再向上晉升就是錯誤。

第二類是，可以勝任現在的工作，具備自我學習、自我總結、自我提升的素質和能力，可以不斷提升自己的能力，進而勝任所有的工作。

由此可見，企業的用人之道可以簡單地概括為：發現並且培養第二類員工。由此推導的結論是，必須充分認識人力資源管理的重要性，並且有效運作，發現（包括應徵和在企業內部發展）並且培養每個職位的接班人，在人力資源上形成可以持續發展的潛力。

晉升是將一個員工從前任職位調到需要負責更多職能和承擔更大責任的職位上，隨之而來的是更高的地位和更多的薪水。晉升的動因可能是對過去工作表現優異的報償，也可能是企業為了妥善使用員工的才華和能力。

儘管我們必須重視員工成長的可能性並且透過提供更大的發展空間等手段來激發他們的潛能，但是提拔員工還是要慎重考慮，因為經常會出現這樣的情況：

某個員工被提拔到較高的職位以後，由於不具備與這個職位相匹配的能力而無法勝任這個職位的工作。不勝任的員工佔據較高的職位以後，反而會阻塞可能勝任者的升遷途徑，其危害之大可見一斑。

如何有效解決這個問題？可以採取以下三個措施：

第一，晉升的標準要重視潛力而不是業績，應該以是否可以勝任未來的職位為標準，而不是依據在現在職位上是否出色。

第二，能上能下絕對不能只是一句空話，要在企業中真正形成這樣的良性機制。只有透過這種機制，找到每個員工最勝任的角色，企業才可以「人盡其才」。

第三，為了慎重考察員工是否可以勝任更高的職位，最好採用臨時性和非正式性「提拔」的方法來觀

·彼·得·原·理·

察員工的能力和表現，以盡量避免降職帶來的負面影響。

總之，提拔員工一定要重視潛力，目前的成績不能作為晉升的理由，而是要看員工是否可以在更高的職位上發揮能力。

改革晉升機制，避開「彼得原理」陷阱

彼得原理告訴我們，在任何層級組織中，每個人都會晉升到自己不能勝任的階層。換句話說，無論你有多少聰明才智，無論你如何努力進取，都會有一個你無法勝任的位置在等著你，而且你一定會到達那個位置。

例如：一個優秀的醫生被提升為行政主任以後無所作為，一個優秀的教授被提升為研究所所長以後一臉茫然，一個熟練的技師被提升為部門經理以後束手無策……

這些彼得原理陷阱，主要是由企業不適當的激勵機制和晉升機制所產生。我們應該如何避開？這就要求企業必須改革人員的激勵機制和晉升機制。

·彼·得·原·理·

一、建立相互獨立的行政職位和技術職位晉升機制

對於企業的行政人員和技術人員，可以按照所屬職位性質的不同，建立相互獨立的行政職位和技術職位的晉升機制，而且技術職位對應行政職位，享有相應的薪酬和福利，但是行政職位不能與技術職位互換。

實行雙軌制，讓企業的行政人員和技術人員分別走不同的職位晉升路線。這樣一來，可以滿足對業績突出人員的精神激勵的要求，讓不同種類的員工各得其所，也可以提高企業的管理程度和科技實力。

二、加強對各個職位的工作研究

建立相互獨立的行政職位和技術職位的晉升機制，只能防止行政人員和技術人員由於錯位晉升而陷入彼得原理陷阱，想要防止同類職位內部出現彼得原理陷阱，就要對不同級別的各個職位進行工作研究，明確各個職位必須承擔的責任，細化各個職位對不同能力的要求，並且按照不同能力所佔的比重予以排列。

三、建立職位培訓機制

在這個現代化的社會，技術和管理知識每天不斷出現，即使昨天你是一個合格的管理者，如果不加強學習，今天你就有可能落伍。

如今，企業的職位培訓已經變得很重要。許多知名企業非常重視職位培訓，而且有專門的職位培訓機構，例如：摩托羅拉大學、惠普商學院。

四、實行寬頻薪酬體系

所謂寬頻薪酬，就是在擴大同等級員工薪酬的同時，縮小不同等級員工的薪酬差異，實行薪酬扁平化，改變按照工作職位領取薪水的現狀。

設立薪酬體系的好處是顯而易見的，可以激勵各個階層的員工全心投入自己的工作中，實現「在其位，謀其政」。透過這個方式，可以在各個階層的工作職位中留住有事業心的人才。

—第二章—

肯德爾法則：知人善任是管理者的必修課

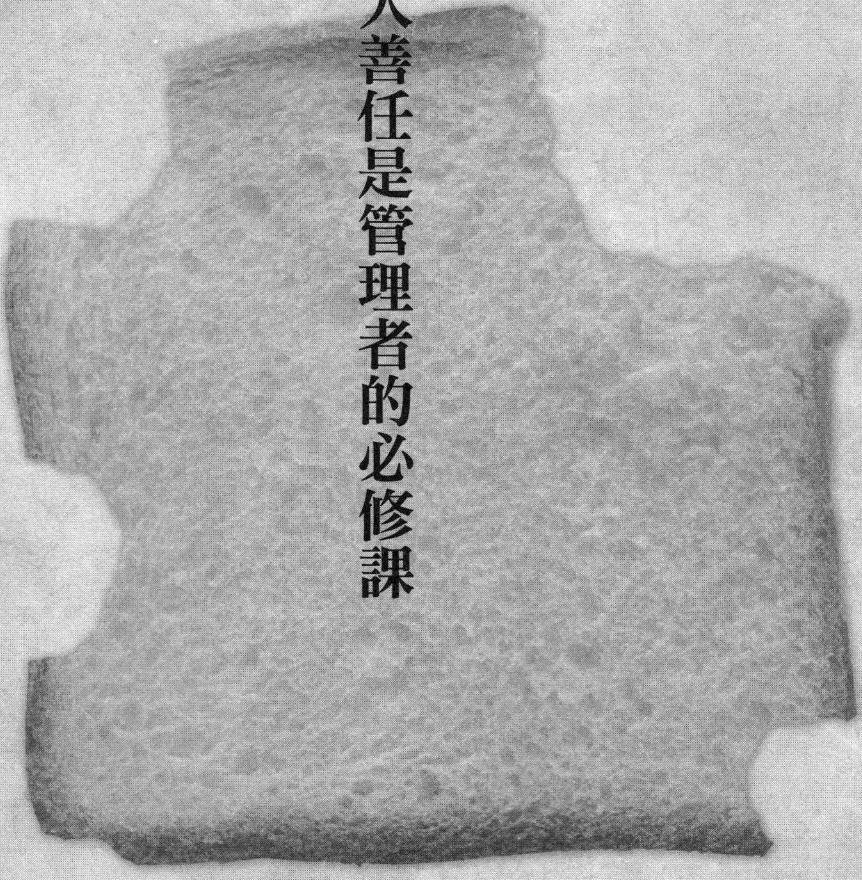

美國百事可樂前總裁唐納德・肯德爾提出：企業要尊重人、培養人、鍛鍊人，各盡所能，人適其位，把適合的人才放在適合的位置上，這個結論被稱為「肯德爾法則」。

知人，是用人的首要前提

知人，首先要對所需所用之人有全面的瞭解。在知人的基礎上，才有可能選擇適合的人才，知人是管理者用人的首要前提。知人識才是為了善任人才，透過善任人才，獲得企業持續的競爭力。

想要善任人才，就要擇人任勢。無論什麼人才，都有最適合他的位置。管理者要在知人的基礎上給予適當安排，形成人員配置的最佳組合機構。

管理學家湯姆．彼得斯曾經說：「企業唯一真正的資源是人，管理就是充分開發人力資源以完成工作。」

如何有效開發人力資源？要做到以下兩點：

首先，管理者要廣泛瞭解員工的個性和期望，並且加以合理運用，才算是知人。經過知人以後，管理者已經掌握一些人力資源，只是為用人打下基礎，還要第二步：「善任」，只有這樣，人才才可以真正發揮作用。

「集合眾智，無往不利。」這是松下幸之助的至理名言，「一個人的才能再高，也是有限的，而且往往是長於某個方面的偏才。將眾才為我所用，將許多偏才融合為一體，就可以組成無所不能的全才，發揮無限巨大的力量。」事實也是如此，看似一無所長的漢高祖劉邦，是將知人善任發揮到極致的領導典範。劉邦市井出身，文不及蕭何，武不如韓信，謀不及張良，但是可以驅策自如，善於調動他人所長，最終成為漢代開國帝王。

慧眼識英才，用人先識人

在日常的企業管理中，想要做到讓人們稱讚自己大公無私，就要做到知人善任。也就是說，一個企業的管理者只有找對人和做對事，才可以讓人們信服他的管理能力。

找到優秀的人才，對企業來說非常重要，而且比以後解雇員工更容易。一般來說，只有找對人，才可以做對事。**因為，優秀的人才比較不會犯錯，可以讓企業獲得更高的效率，更重要的是：他們可以獨立解決工作中出現的問題。**

如何解決這個問題？那就是：企業決定應徵人才的時候，必須考慮人才的各個方面，進而讓管理者可以做到任人唯賢和知人善任，顯示其大公無私的一面。

管理者在尋找人才的時候，要看清他們的優點和缺點。如果善於識才，並且做到其才為我所用，其突出的才華會給企業帶來更高的效率。

管理者要做到知人善任，就要建立客觀公正的態度，才可以真正瞭解人才，正確評價人才，大公無私，不偏不倚。

大材不能小用，小材不能大用

古人曾經說：「君之所審者三：一曰德不當其位，二曰功不當其祿，三曰能不當其官。此三本者，治亂之原也。」由此可見，可以當其位是任用人才的原則，是判斷管理者任用人才是否正確的標準。

不當其位，大材小用或是小材大用，都是任用人才的失敗之處。不當其位，無法發揮人才的長處，空有滿腹經綸卻無處施展；大材小用造成人才的浪費，傷害人才的積極性，使其另謀高就；小材大用會把原來的局面弄得更糟糕，成為發展道路上的絆腳石。「用人必考其終，授任必求其當」，古人已經給現代管理者做出楷模。

狄仁傑就是一位善於任用人才的官吏。

有一次，武則天要狄仁傑推薦人才。

狄仁傑說：「荊州長史張柬之雖然年老，卻是擔任宰相的人才，用之必定有益於國家。」

武則天立刻下令張柬之為洛州司馬。

過了幾天，武則天又要狄仁傑推薦人才。

狄仁傑說：「我已經推薦張柬之，但是陛下不用。」

武則天說：「已經提拔了。」

狄仁傑說：「我推薦他擔任宰相，讓他做司馬，不能算是用他。」

武則天詳細詢問張柬之的出身與才華，提拔他為秋官侍郎，不久之後又拜為宰相。

後來，在穩定唐朝的統治中，張柬之發揮重要的作用。狄仁傑堅持的用人之道，正是他善用人才的表現。

善用人才，就是用人之長。作為一個管理者，要把人才放在適合其能力和特長的職位上，最大限度地發揮作用。換句話說，管理者給予人才的職務，應該是可以刺激他們發揮自己優勢的職務，不能大材小用，也不能小材大用。只有善用人才，才可以發揮他們的作用。

用兵點將，用適合的人做適合的事

管理者的首要任務，就是用適合的人做適合的事。管理工作是否可以順利完成，關鍵因素就是在於人。只要善於匯聚眾人的智慧，人盡其才，各盡其能，企業就可以興旺發達。作為一個管理者，最重要的工作不是制定目標，不是修改規章制度，而是「選人」、「用人」。無法把這個工作做好，所有的目標和想法都是海市蜃樓。

管理者的主要職責在於：按照企業管理的要求和員工的素質特長，合理「用兵點將」。

日本「重建大王」坪內壽夫就是「點將」的高手，在任用人才方面很有特色。坪內壽夫指出：每家公司都有一些「窗邊族」，也就是專門在窗邊待著，什麼也不必做，就可以領取高薪的人。終日勤奮工作的員工，看到這些悠閒的「窗邊族」，心中當然有所不滿。如果公司無法改變這種現象，恐怕是難以整頓的。我們講究的是勞動價值，假如公司存在這些「窗邊族」，其他人就會缺乏工作意願。在我們公司裡，會把這些「窗邊族」另派用場。在造船部門中，絕對看不見任何「窗邊族」。

這就是坪內壽夫宣導的適才適所主義。適才適所主義就是要根據員工的不同情況，安排他們到最適合的工作職位上。實施的結果使得原本只從事造船業的人，覺得自己還可以從事其他工作。很多人嘗試新工作以後，對自己的能力很驚訝，發現自己也對新工作得心應手。

一位商界著名人物曾經說：「我的成功，得益於鑑別人才的眼力。這種眼力使得我可以把每個員工安排到適合的位置上，而且從來沒有出過差錯。」不僅如此，他也努力讓員工知道自己負責的工作對於整體事業的重大意義，這樣一來，這些員工不需要監督，就可以把事情辦得有條不紊。

很多精明能幹的管理者在辦公室的時間很少，但是公司的業務仍然像時鐘的發條一樣，有條不紊地進行。他們有什麼管理秘訣？沒有什麼秘訣，只有一樣，那就是：他們善於把適合的工作分配給適合的人。

用人要做到原則性和靈活性的統一

常言道：「人非聖賢，孰能無過？」如果管理者只見其短而不見其長，過分地求全責備，不僅無法得到人才，還會致使人才外流。

「水至清則無魚，人至察則無徒。」過分強調次要方面就會物極必反，造成意想不到的後果。過分地求全責備，會使管理者無法分辨是非，只看外表而不看本質。這樣的管理者，最後只會眾叛親離，變成孤家寡人。

每個人都有自己的缺點，管理者不能「一葉障目而不見泰山」，如果經常考慮員工的缺點就會因小失大，無法識得人才也無法使用人才。對於有缺點的員工，聰明管理者的做法是「取大節而宥小過」。

很多管理者的事業成績，就是在於善用有缺點的人。這些人因為無法發揮才能，所以不為人所知，如果管理者不計較其缺點而加以重用，他們就會盡力展現自己的才能，最終幫助管理者獲得成功。

北歐航空公司董事會為了擺脫危機，聘任卡爾森為總經理。卡爾森上任以後，大刀闊斧地改革，不到兩年的時間就轉虧為盈。但是這位經營天才卻有許多缺點，公司內部的幾位董事都不喜歡他。卡爾森自稱是一個「有表現癖」的人，聲稱「天下三百六十行，行行都在表演亮相」，一些同事也對他的作風表示不滿。但是公司董事會還是聘任他為總經理，因為他可以為公司帶來效益。

這就是只用其長而棄其所短。管理者在選擇人才方面，要有一定的原則性，也要有一定的靈活性，才可以獲得成功。

—第三章—

威爾許原則：用人得當，事半功倍

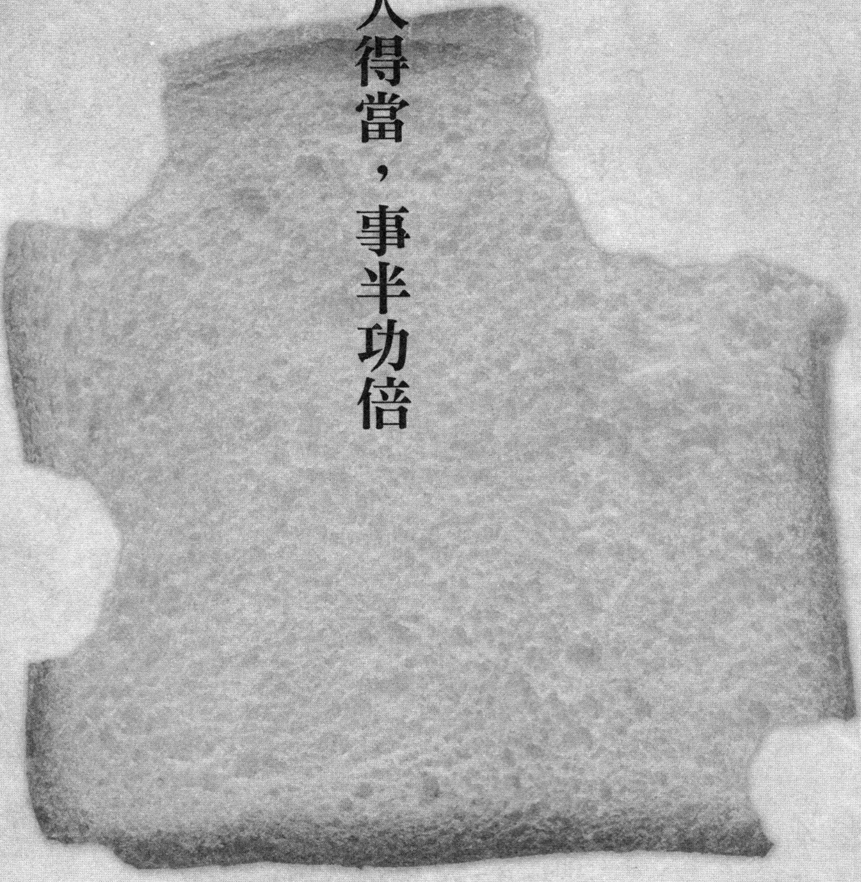

奇異公司前總裁傑克・威爾許曾經說：「我們可以做的是：把賭注押在我們選擇的人身上。因此，我的全部工作就是任用適合的人。」這個原則說明，管理者的任務就是用適合的人做適合的事，並且鼓勵他們用自己的創意完成手上的工作。這樣一來，就提出「管理者用人的前提是如何察人」的問題，既要察人所長、用人之長，又要察人所短、因人而用。

不能讓外行人做內行事

春秋時期，鄭國的大夫子產善於處理政事。擔任相國期間，他選賢舉能、任用人才，對於不適合的人選，及時提出否定意見，並且說明道理，使人們心服口服。對於那些有能力的人，一定會加以重用，給他們充分展現才華的機會。

有一次，大夫子皮提出，要讓尹何做自己封地的長官。

子產以商量的口吻對子皮說：「尹何太年輕了，不知道是否可以勝任。」

子皮說：「尹何這個人很老實，我很喜歡他，他不會背叛我。讓他去學習一下，就會懂得如何管理，而且是管理我的封地，我會照顧他。」

子產聽了，皺著眉頭說：「這樣做不適合。一個人喜歡另一個人，總是想要對他有利。但是，因為你喜歡尹何而把政事交給他，就像讓一個不會拿刀的人去割東西，不僅不會割到東西，反而會使自己受到傷害。這樣一來，你喜歡一個人，其實是傷害他，誰還敢求得你喜歡？你在鄭國是棟樑，如果棟樑折斷，椽子就會隨之崩潰，我也會被壓在下面，怎麼敢不把話全部說出來？」

子皮頓時陷入沉思，子產繼續說：「你有一塊華麗的綢緞，絕對不會讓人拿來練習裁剪。重要的官職，龐大的封邑，對你來說是不可缺少的庇護條件，你卻讓別人來管理，這些比起綢緞來說，不是更貴重嗎？我只聽說先學習以後才可以管理政務，沒有聽說把管理政務當作學習對象。如果你一定要這樣做，吃虧的一定是你。又例如打獵，只有射箭和駕車技術熟練的人才可以捕獲獵物，如果從來沒有射過箭，也沒有駕過車，就會擔心翻車壓人，哪裡還有時間思考如何捕獲獵物？」

子皮被說得面紅耳赤，急忙說：「你說得對，我太笨了。我聽說，君子總是努力使自己瞭解重大而遙遠的事情，小人總是使自己瞭解微小而眼前的事情。我就是小人啊！衣服穿在我身上，我知道加以愛惜；重要的官職，龐大的封邑，對我來說是不可缺少的庇護條件，我卻認為是遙遠的事情而疏忽它。沒有你的這些話，我不會瞭解這些得失的道理。以前我說過，你治理鄭國，我治理自己的封地，在你的庇護之下，還是可以把自己的封地治理好。現在我知道，這樣做還是不夠。從今以後我請你允許，就是治理我的封地，也要依照你的意見行事。」

子產說：「人心各不相同，就像人的面孔一樣。我怎麼敢說你的面孔就像我的面孔？我只是把自己認為危險的事情告訴你，讓你作為參考。」

子皮認為子產非常忠誠，所以把鄭國的政事全部委託他。

對於重要的工作，不能交給沒有經驗的人，這樣無法保證工作的品質，也有可能對他們造成傷害，必

·彼·得·原·理·

須有經驗以後才可以交付。如果擇人是為了用人，用人一定要慎重，不能只憑自己的好惡，要根據他們的實際能力來決定。

把適合的人才放在適合的位置上

俗話說：「三人行，必有我師。」作為一個管理者，可以善用其所長以處事，就可以收到事半而功倍之效。一個成功的管理者，用人的重要原則之一就是適才適所：把適合的人才放在適合的位置上。這樣一來，團隊就可以有序高效地運轉，釋放最大的能量。

任何人有其長處，也有其短處。**從人之短處中挖掘出長處，由善用人之長到善用人之短，這是用人藝術的精華**。在用人問題上，要根據具體情況靈活使用，取其之所長，避其之所短。

一個善於用人的管理者，首先在於可以根據每個人的才能，把他們放在適合的位置上，並且為他們提供可以發揮才能的各種條件。

其次善於取長補短，把不同類型的專才和偏才組織成為互補結構。任何的人才，只有在團體中各顯其長，互補其短，才可以充分發揮作用。在人才類型之中，有些高瞻遠矚、多謀善斷，具有組織和領導才能，稱為指揮人才；有些善解人意、忠誠積極、埋頭苦幹、任勞任怨，稱為執行人才；有些公道正直、鐵面無私、瞭解業務、聯絡客戶，稱為監督人才；有些思想活躍、知識廣博、堅持真理，稱為參謀人才……

·彼·得·原·理·

這些人幾乎都是偏才，但是合理組合以後，各展所長，就可以成為全才。

由此可見，合理使用人才，可以使劣馬變成千里馬；反之，可能使千里馬變成劣馬。一個聰明的管理者，不僅可以用人之長，而且可以容人之短；不僅可以容人之短，而且可以化短為長，使各類人才有發展的空間。

用人之道，在於揚長避短

對於管理者來說，用人的決策，不是在於如何減少人們的缺點，而是在於如何發揮人們的優點。也就是說，要擇人之長而用。因此，作為一個管理者，其首要任務就是：想人之長、說人之長、用人之長。

如果所用之人沒有缺點，其結果只是平庸之輩。做大事而惜身，見小利而忘義，不可能有所作為。這種人只是謹慎小心，胸中沒有雄才大略。

管理者的用人之道，在於發揮人們的優點，以及包容人們的缺點。

用人的原則，可以總結為下列幾項：

第一，職務的內容應該適合一般人的能力，不能要求只有上帝才可以做得到的事情。

第二，職務的內容應該刺激個人能力，適當地高於個人能力，對個人能力形成挑戰。

·彼·得·原·理·

第三，平時就要考慮某個人可以做什麼。

第四，想要發揮人們的優點，就要包容人們的缺點。

三個臭皮匠，勝過一個諸葛亮。但是如果相互損耗，三個就會比不上一個，因為一個人可以發揮自己的優點。如果採取一個折衷方案，結果不是用人之所長，反而會降低企業的工作效率。

讓每個人有施展才華的空間

管理者在用人的時候，應該堅持人盡其才的原則，給予他們廣闊的空間。只有這樣，他們才會信任管理者，並且付出自己的心力。成功的管理者經常對員工說：「你們就去做吧！」因為他們非常明白，只有讓員工勇敢去做，員工才可以充分發揮自己的才能。

清代學者阮元在一首詩中寫道：「交流四水抱城斜，散作千溪遍萬家。深處種菱淺種稻，不深不淺種荷花。」如果我們把人才比喻為種子，想要讓他們發揮最大能量以取得最大利益，就要掌握他們的專業特長，根據職位設置情況，合理選擇優秀人才。知人善任，不僅是一種用人觀念，更是一種智慧。

在當今企業界中，許多管理者瞭解人盡其才的重要性，並且用之於實踐，最後取得良好的效果。

日本豐田汽車公司創辦人豐田喜一郎充分信任銷售專家神谷正太郎，讓其不受任何約束地工作，就是一個典型的例子。事實證明，豐田喜一郎是正確的，神谷正太郎確實是一個銷售天才。他為豐田汽車公司的快速發展立下汗馬功勞，用盡自己的聰明才智，而且對豐田汽車公司始終忠誠。

·彼·得·原·理·

在此，人盡其才的任用人才準則，得到最充分的表現和證明。管理者應該加以借鑑和應用，以減少人力資源的浪費，增加企業的力量，促進企業和事業的發展。

—第四章—

德尼摩定律：人才任用，因人而異

英國管理學家德尼摩提出：凡事都應該有一個可以安置的所在，一切都應該在它應該在的地方。作為一個管理者，要瞭解員工的性情和特點，並且據此將他們安排到適合的職位上，知人善任才可以成就事業，這就是著名的「德尼摩定律」。

用人不要「看人挑擔不吃力」

作為一個管理者，不要「看人挑擔不吃力」。很多管理者的最大缺點，就是以為所有事情都是非常容易。有些人沒有遭遇挫折，依靠父蔭或是學歷坐上管理者位置，不懂得體諒員工的困難。這樣的管理者經不起考驗，被員工架空或是取代的例子很多。

員工遇到問題的時候，管理者不應該袖手旁觀，不應該立刻找別人替代員工，應該與員工共同找出問題的癥結，然後決定要如何解決這個問題。如果不聞不問，是非常不負責任的行為。

管理者對員工有所期望，這是很正常的，他們也會因此覺得被信任，但是不要對員工期望太高，否則會給他們造成巨大的壓力，管理者絕對不可以忽略！

員工來自不同生活和家庭，擁有不同的才能：有些工作效率高，但是素質平凡；有些喜歡說話，但是做事有條不紊。因此，在分配工作的時候，不要隨便分配，不要以為員工是萬能的。

記住：使員工充分發揮潛力又使工作得到最佳效率，工作和員工互相配合，才可以幫助企業獲得成長。**正確的做法是：因材而用，根據員工的性情和才能，將其安排到適合的位置上。**

不同的性格，採用不同的任用方式

俗話說：「人心不同，各如其面。」性格是一個人個性的核心，直接影響人們的行為方式，進而影響人際關係和工作效率。因此，在管理過程中，根據不同的性格採用不同的任用方式，是提高管理程度的重要手段。

社會學家透過觀察總結，認為人們的行為風格可以分為四類：分析型、推動型、表現型、溫和型。

分析型的人是完美主義者，他們做事力求正確，精於建立長期表現卓越的高效率流程。但是他們的完美傾向會導致許多繁文縟節，做事喜歡墨守成規。

因此，不要指望這種人會果斷決策。他們總是收集許多資訊，權衡各種選擇，甚至一些不可能的選擇。他們喜歡獨立行事，不願意與別人合作。儘管他們性情孤傲，令人驚訝的是，患難之中卻最見其忠誠。

推動型的人重視結果，他們非常務實，並且經常以此而自豪。他們喜歡制定崇高卻實際的目標，然後付諸實際。但是他們非常獨立，喜歡自己制定目標，不願意別人插手，善於決斷是其顯著特點。

推動型的人重視實際，很少理會原則或情感，懂得隨機應變。但是他們行動迅速，經常因為倉促而走捷徑，進而造成一些問題。無論表達意見還是提出要求，他們都是非常直率，不囿於瑣事，理智但是不迂腐。

表現型的人喜歡炫耀，他們敢於誇口，喜歡惹人注目，是天生的焦點人物。他們活力十足，偶爾也會顯露疲態，這是因為失去別人刺激的結果。

表現型的人容易衝動，經常在工作場所給自己或別人惹麻煩。他們喜歡隨機做事，不喜歡計畫，不善於時間管理。他們掌握大局而放棄細節，喜歡把細節留給別人做。

溫和型的人適合團隊工作，他們喜歡與別人共事，尤其是人數不多的團隊工作或是兩人工作。他們不關心權勢，精於鼓勵別人拓展思路，善於看到別人的貢獻。由於對別人的意見坦誠以待，他們可以從被其他團隊成員否決的意見中發現價值。

溫和型的人經常為團隊默默耕耘，由於他們的幕後貢獻，使他們成為團隊中的無名英雄。他們在企業組織架構清晰的公司中表現出色，如果角色確定並且方向明確，他們會堅定不移地履行自己的職責。

有效的企業管理，必須同時具備這四種類型的優勢。彼得・杜拉克在《管理：任務、職責、實踐》一書中寫道：「企業的高層管理中，需要至少四種不同類型的人：『思想者』，分析型；『行動者』，推動型；『交際者』，溫和型；『衝鋒陷陣者』，表現型。」

以上四種人，都有其潛在的優點和缺點，但是優點只是潛在資產，只有善加開發才可以成為實質幫助。管理者應該設法揚長避短，最大限度地發揮他們的才能，提高團體的效率。

按照員工的特點和喜好分配工作

對我們來說，「德尼摩定律」要求我們應該在許多可供選擇的奮鬥目標中挑選一個，然後為之奮鬥。這樣一來，才可以激發我們的潛力和熱情。「選擇自己所愛的，愛自己所選擇的。」道理也是在此。作為一個管理者，「德尼摩定律」要求其按照員工的特點和喜好合理分配工作。

對於那些成就欲望強烈的員工，讓他們獨自完成具有風險和難度的工作，並且在其完成的時候，給予及時的肯定和讚揚。

對於那些依附欲望強烈的員工，讓他們參加某個團體共同工作。

對於那些權力欲望強烈的員工，讓他們擔任一個與自己能力相適應的主管。

對於那些經常感到悲觀的員工，管理者在他們面前要保持樂觀態度，讓他們有所放鬆，並且鼓勵他們積極進取。

對於那些脾氣暴躁的員工，應該在他們心平氣和的時候，讓他們知道隨便發脾氣是不適當的。

對於那些個性強硬的員工，不能放任自流，要制止他們我行我素的行為，以直接勸告來達到說服目的。

作為一個管理者，面對具有不同個性的員工，必須瞭解他們的性格，把不同性格的員工放在不同的位置上，以充分發揮他們的才能。

對於不同的員工，管理者必須瞭解他們的性格，才可以採取不同的對策，讓他們信服。同時，要加強員工對企業目標的認同，讓員工感覺到自己做的工作是值得的，才可以激發員工的熱情。

·彼·得·原·理·

知人善任做管理，巧奪天工用人才

宋代司馬光說：「凡人之才性，各有所能，或優於德而強於才，或長於此而短於彼。」用人如器，各取所長，這是現代管理者最基本的領導才能。

假如你是一個管理者，對待以下不同類型的員工，應該採取不同的用人之道，使他們克服短處而發揮特長，為組織發展增添人力資源：

知識高深的員工，瞭解高深的理論，可以用商量的口吻。

文化低淺的員工，不懂高深的理論，應該舉出明顯的事例。

剛愎自用的員工，不宜循循善誘的時候，可以用激將法。

喜歡誇大的員工，不能用表裡如一的話語，可以用誘兵之計。

脾氣暴躁的員工，討厭喋喋不休的長篇理論，用語必須簡要直接。

性格沉默的員工，必須鼓勵他們說話，以瞭解他們的真實感受。

頭腦頑固的員工，如果採取強硬手段，容易形成僵局，應該看準他們最感興趣之點進行轉化。

以下是十個用人的經驗之談：

（一）性格剛強的員工，無法深入細緻地探求道理，因此在論述重大道理的時候會顯得廣博高遠，但是在分辨細微道理的時候會失於粗略疏忽，可以委託他們從事重要工作。

（二）性格倔強的員工，不會屈服退讓，談論法規與職責的時候，可以約束自己並且做到公正，但是遇到變通的時候會顯得乖張頑固，與別人格格不入，可以委託他們制定規章。

（三）性格堅定的員工，喜歡實事求是，因此可以把細微道理揭示得明白透徹，但是涉及重大道理的時候，其論述過於直接單薄，可以委託他們辦理具體事項。

（四）能言善辯的員工，辭令豐富，反應敏捷，在推究人事情況的時候，見解精妙而深刻，但是涉及根本問題的時候，失之周全而容易遺漏，可以委託他們進行謀略籌劃。

（五）隨波逐流的員工，不善於深刻思考，安排關係親疏遠近的時候，可以做到豁達博大，但是歸納事情要點的時候，其觀點疏於散漫，不知道問題的關鍵之處，可以委託他們負責低層管理工作。

·彼·得·原·理·

（六）見識淺薄的員工，無法提出深刻問題，由於思考深度有限，非常容易滿足，核實精微道理的時候，反覆猶豫而沒有把握，這種人不可重用。

（七）寬宏大量的員工，思維不敏捷，談論精神道德的時候，知識廣博而談吐文雅，必須跟隨形勢的時候，行動遲緩而無法跟上，可以委託他們帶動員工的行為舉止。

（八）溫柔和順的員工，缺乏強大氣勢，研究細微道理的時候順利通暢，分析疑難問題的時候拖泥帶水，可以委託他們按照管理者的意圖做事。

（九）標新立異的員工，喜歡追求新奇的東西，制定目標的時候會顯露卓越能力，做事不合常理又容易遺漏，可以委託他們從事開創性工作。

（十）性格正直的員工，缺點在於喜歡斥責別人而不留情面；性格剛強的員工，缺點在於過分嚴厲；性格溫和的員工，缺點在於過分軟弱。他們的性格特點都要主動加以克服，所以可以將他們安排在一起，藉以取長補短。

知人「五不」，不拘一格用人才

管理者在用人方面要拋棄偏見，科學、全面、客觀、公正地看待人才，以選拔和任用企業真正需要的人才。

具體來說，要做到以下五點：

一、不以好惡而取才

唐太宗可以開創名垂千古的「貞觀之治」，與其「吾為官擇人，惟才是與。苟或不才，雖親不用；如其有才，雖仇不棄」的擇人之道具有直接的因果關係。他尊重人才，兼聽廣納，選用許多有真才實學的人治理國家。在社會生活中，由於人們的思想、志趣、經歷、性格等方面的差異，難免會形成人際關係中的親疏遠近和好惡喜厭，然而人才是客觀存在的，順我者未必有才，逆我者未必無才。「內舉不避親，外舉不避仇」，**關鍵在於：真正做到以事業為重，任人唯賢；客觀公正，不以個人好惡親疏而取才。**

二、不以妒謗而毀才

古今中外，嫉賢妒能的惡習，屢見不鮮。人才如果得到重用，難免會招致某些非議，甚至造謠中傷，打擊陷害。尤其是即將被提拔的時候，流言橫飛，毀語四起，猶如濃霧遮城，不識廬山真面目，欲查無蹤，欲用無據。在這種情況下，管理者應該以愛才護才的膽量，勇敢而果斷地任用人才。

三、不以卑微而輕才

「宰相必起於州郡，猛將必發於卒伍。」很多事實說明，一些有真才實學的人，平時默默無聞，是因為無法得到嶄露頭角的機會，甚至一輩子難以施展才能。從漢高祖劉邦任用的人才來看，張良是沒落貴族，周勃是吹鼓手，樊噲是屠夫，灌嬰是布販，如果不是時勢給予他們施展才能的機會，可能也會遭遇終身埋沒的厄運。拿破崙在選拔將領的時候，摒棄傳統的以出身擇人的門第觀念，他認為「每個士兵的背囊裡，都有一根元帥的指揮棍」。在他的部隊裡，許多傑出的元帥都是來自社會的下層。發掘人才的時候，要發現那些嶄露頭角的人才，也要發現那些沒有機會展露才學的人才。

四、不以恭順而選才

從某種意義上說，許多有真才實學的人，都有自己獨特的見解和主張，並且表現出其特有個性。人才的本質在於創造，敢於突破，敢於創新，敢為人先。在現實生活中，很多管理者喜歡員工對自己畢恭畢敬，如果以是否恭順而選才，結果可能是人才難求、奴才雲集、貽誤事業。在識別和選拔人才的過程中，要特別提防盲目順從者。盲目順從，不是懶惰就是別有用心。

任用人才的時候，要敢於承認個性、寬容個性、發展個性，只有這樣，才可以形成一個開拓創新而充滿活力的團隊，才可以營造一種寬鬆和諧的成長環境。

五、不以小過而捨才

「有大略者不問其短，有厚德者不非小疵。」一些人的過失，就像白玉上的斑點，精明的商人不會因此丟棄它，因為這個斑點不會影響白玉的價值，所以用人切忌求全責備。**宋代司馬光曾經說：「若指瑕掩善，則朝無可用之人；苟隨器授任，則世無可棄之士。」**作為一個管理者，要有容人之過的胸懷。

明確用人觀念，秉持「五個堅持」

每個人的性格不同，才能有高下之分，品格有優劣之差。作為一個管理者，如果沒有原則地選人和用人，就會造成團隊魚目混珠，對企業的發展非常不利。

管理者要建立科學的用人觀念和正確的用人標準，為企業建立一個活力四射而富於進取精神的團隊。在選人用人方面，管理者要秉持以下五個堅持：

一、堅持德才兼備

德才兼備，是一個非常重要的用人原則。堅持德才兼備，就是在選拔人才的時候，要考察人才的思想觀念和道德品格，也要考察人才的知識程度和職業技能。首先，在選拔人才的時候，應該將德與才看作是一個完整的個體，不能割裂，不可偏廢。沒有德，就會失去方向；沒有才，就會貧乏空虛。其次，在堅持德才兼備的前提下，應該重視對德的考察。唐代魏徵說：「今欲求人，必須審訪其行，若知其善，然後用之。設令此人不能濟事，只是才力不及，不為大害；誤用惡人，假令強幹，為害極多。但亂世惟求其才，不顧其行。太平之時，必須才行俱兼，始可任用。」這裡說的「行」與「善」，與德是同一個意思。歷史經驗說明，有德的人有才，就會做出許多好事；無德的人有才，就會做出許多壞事。但是，重德絕非輕才，選拔人才的時候，應該以德為前提，選其中有才者。

二、堅持重用人才

劉邦談到自己戰勝項羽的時候說：「夫運籌策帷帳之中，決勝於千里之外，吾不如子房。鎮國家，撫百姓，給饋餉，不絕糧道，吾不如蕭何。連百萬之軍，戰必勝，攻必取，吾不如韓信。此三者，皆人傑也，吾能用之，此吾所以取天下也。項羽有一范增而不能用，此其所以為我擒也。」陳平和韓信曾經是項羽的手下，因為長期無法得到重用而轉投劉邦，並且為劉邦重用。看來，是否可以重用人才，確實是事業成敗的關鍵。

三、堅持用人所長

在用人的時候，最重要的是：用人之長，避人之短。就像俗話所說：「駿馬馳千里，耕田不如牛；堅車能載重，渡河不如舟。」發揮長處是克服短處的重要方法，揚長避短是發揮人才作用的有效途徑。

四、堅持重視實績

實績是人才的德才集中表現和德才兼備原則的客觀要求。人才的工作實績，不是主觀臆想，不能憑空捏造，而是一種看得見摸得到的東西。以實績作為選拔人才的重要依據，容易比較優劣，說服力強，有利於提高用人的準確性和公平性，克服主觀隨意性。

五、堅持明責授權

古人云：「非得賢之難，用之難；非用之難，信之難。」在用人的時候，必須做到「用人不疑，疑人不用」。疑而用人，誤事又誤人。所謂用人不疑，就是充分予以信任，讓其大膽工作，明責授權，權責統一。

一第五章一

艾科卡法則：能者上前，庸人靠邊

「艾科卡法則」是美國企業家李・艾科卡提出的。艾科卡說：「我一直在致力發掘那些可以成為最高管理者的人，他們是一些渴望工作而勤奮向上的人。這些人總是想要做得比別人期望自己的更多，總是幫助別人把自己的工作做好。」「艾科卡法則」揭示用人的重要準則：能者上前，庸人靠邊。

效力強大的艾科卡「用人五法」

艾科卡出生於美國賓夕法尼亞州的阿倫敦，剛進入福特汽車公司的時候，被分配擔任見習工程師。一九五三年，他被提升為費城地區的銷售副經理。一九七〇年，他榮升為福特汽車公司總裁。在他擔任總裁的八年裡，為公司賺進三十五億美元的利潤，在公司的歷史上留下最輝煌的業績。但是成功招致嫉妒，一九七八年七月，福特二世解除艾科卡總裁職務，同時答應將三十六萬美元的年薪，變成一百萬美元的退休金，條件是——不要受聘於其他公司。

艾科卡不為一百萬美元動心，也不願意向命運屈服。瀕臨破產的克萊斯勒汽車公司董事長聘請他的時候，他立刻欣然接受。因為在他看來，這是向福特汽車公司挑戰的機會，而且他上任以後宣稱：公司起死回生之前，自己的年薪為一美元。

艾科卡臨危受命，大刀闊斧推行改革，在幾年之內使公司絕處逢生，呈現欣欣向榮的景象：一九八〇年公司轉虧為盈；一九八二年盈利十一・七億美元，償還十三億美元的短期債務；一九八三年盈利九億美元，提前七年償還十五億美元的政府貸款保證金，發行股票兩千六百萬股，幾個小時之內被搶購一空；

一九八四年盈利二十四億美元，艾科卡成為美國人心中的英雄。一九八三年的美國「最佳企業主管」的民意調查中，艾科卡以絕對多數領先。一九八四年四月，美國《時代雜誌》的封面上刊登他的肖像，標題是：「他說一句話，全美國都洗耳恭聽！」密西根州的州長說：「艾科卡是世界上最受尊敬的企業家。」

艾科卡可以獲得如此巨大的成功，主要得益於他的用人方法。後來，艾科卡與人們談到自己事業上的成功，將自己的用人方法歸結於以下五點：

一、與員工交談

艾科卡認為，管理就是發動別人去工作。一個企業運轉良好，就是那裡的人們發動良好，發動人們的唯一方法是與他們交談，演說是發動人們的最好方法。

二、實行季度檢查制度

艾科卡認為，季度檢查制度有五個好處：不斷制定自己的目標；使員工更有成果，充分發揮積極性；使員工經常檢查自己完成什麼工作，下一步怎麼辦；不埋沒人才，好員工不會被忽視，壞員工無法混日子；使員工與主管對話，促使他們溝通思想聯絡感情，以增進瞭解改善關係。

·彼·得·原·理·

三、激發和保持員工的進取精神

提拔一個員工的時候，就是給他增加任務的時候。在他成功的時候，要對他提出更高的要求；在他失敗的時候，不要過分嚴厲，否則會使他失去進取精神。

四、不能隨便變動員工的工作

因為技能無法互換，一個人在某個領域有專長，不表示在其他領域也有專長。

五、敢於讓員工獨立做事

作為一個管理者，一定要記住：絕對不要去做原本是員工應該做的事情。

合理分配員工的工作

一個成功的管理者，可以合理分配員工的工作，並且引發員工的積極性，否則員工會產生反抗心理。沒有合理分配員工的工作，容易造成員工的不滿情緒。分配工作雖然是小事，但是與員工的士氣有關，所以絕對不可以忽視。

用人必須講究方法與藝術，並非隨心所欲。作為一個管理者，應該如何分配工作？

一、重視眼前，兼顧長遠

分配工作的時候，應該考慮員工的能力，並且保證整體目標的實現。但是，如果總是按照員工的能力「量才使用」，員工就會產生懈怠心理，進而失去活力和後勁乏力。

高明的方法是：做到重視眼前的任務，兼顧員工長遠的發展，即對員工的培養。

例如：對工作能力比較弱的員工，教導他們完成工作的方法與途徑，使其在完成工作的同時，不斷提

彼得原理

升公司業績和工作能力。

二、公平合理，量才使用

作為一個管理者，要瞭解員工的工作能力和工作態度，然後根據不同工作的不同性質，合理分配工作。

例如：對具有潛力的員工，可以增加工作種類，提高工作難度；對認真負責的員工，可以加大工作負荷量；對工作狀態下滑的員工，分配工作的時候要加以指導，提升其積極性和成就感。具體工作雖然因人而異，但是應該保持公平合理，否則員工會因為工作多寡和難易不同而怨聲載道。

三、用人協調，強弱互補

所謂用人協調，就是要合理用人，使企業保持一種科學而合理的結構，各種人才比例適當，相得益彰，實現相互補充，取長補短。

例如：老年人深謀遠慮、經驗豐富，但是思想保守；中年人思想開闊、成熟老練，但是不具創新；青年人思想解放、敢想敢做，但是缺少經驗。如果可以將這些人合理搭配，就可以充分發揮他們的優勢，獲得理想的效果。

這裡說的合理搭配，不是要求平均主義。整體而言，比較合理的方式是：以中年人為主，兼用老年人的豐富經驗和青年人的創新精神。

四、設定期限，表達信任

設定一個完成工作的期限，並且讓員工知道，除非在最差的狀況下，才可以推遲這個期限。同時讓員工知道，這個期限是如何設定的，為什麼設定這個期限是合理的。此外，還要制定一個報告工作的程序，讓員工知道何時向主管報告工作方面的資訊。

最後，管理者要肯定表示自己對員工的信任，例如：「這是一個非常重要的工作，我相信你可以順利完成」這樣的話，可以對員工產生激勵作用。**一定要記住：合理分配員工的工作，不僅可以節省時間，也可以創造愉快的工作氣氛。**

正確指導員工，員工賣力效勞

指導員工順利完成工作，是管理者最重要的職責之一，而且指導必須是經常性的，不要等到問題發生的時候才開始進行指導。透過經常性的指導，才可以確保員工順利完成工作。作為一個管理者，如果可以正確指導員工，不僅可以贏得員工的服從，還可以得到很多好處。

首先，**員工會對你的技巧和能力產生信心，並且竭盡全力為你工作**。為了可以做出這樣的指導，必須廣泛收集資料加以分析，形成決定並且發布命令的時候，要對自己做出的指導充滿信心。如果可以在不利條件下進行邏輯推理，並且不失時機地採取行動，員工就會尊重你的判斷能力和指導能力，然後心甘情願為你效勞。

其次，員工會對工作更有把握。管理者應該為自己的公司建立這種姿態，並且把這種姿態表現出來。

如果對你的行為有把握，員工就會對自己的行為有把握。他們會成為一面鏡子，在這面鏡子中，你可以看到自己的形象、自己在做什麼、自己怎麼做。

最後，員工會向你徵求意見和尋求幫助。可以做出正確而及時的決定，員工就會有所感觸，將你視為解決問題的專家。這樣的名聲，可以提升自己在企業中的地位。

一般而言，對員工的指導可以分為三類：

一是具體指示。對那些缺乏完成工作的相關知識和能力的員工，管理者應該給予具體指示，將做事的方式分為許多步驟，並且追蹤完成情況。

二是方向引導。對那些具有完成工作的相關知識和能力但是遇到特定情況不知所措的員工，管理者應該給予適當的提醒和指引。

三是鼓勵建議。對那些具有完善的知識和能力的員工，管理者應該給予一些鼓勵和建議，以達到更好的效果。

同時，管理者要善於選擇適當的指導契機。一般而言，發生以下四種情形的時候，可以用到日常指導的技巧：

·彼·得·原·理·

（一）員工希望你對某種情況發表意見的時候，例如：在績效管理回顧階段，員工向你請教問題。

（二）員工希望你解決某個問題的時候，尤其是出現在工作領域中的問題。

（三）你發現需要採取改進措施的時候，例如：某個工作可以做得更好的時候，可以指導員工改進做法，適應企業的變化。

（四）員工透過培訓掌握新技能，你希望鼓勵他們運用於實際工作的時候。

只有掌握指導的方法和時機，才可以讓員工高效率地工作，讓員工發揮自己的價值。

掌握和培養正確指導的能力

想要做到正確指導，就要學會正確制定決策的技巧。它可以使我們驅散自己恐懼失敗的心理，使自己在處理問題的時候更有信心。不僅如此，我們還會發現，隨著自己判斷能力的提升，領導員工的能力也會提升。

如何才可以正確指導員工工作？

首先，要有指導的能力。想要提升指導能力，除了要有勇氣之外，還要有真才實學，必須善於研究和分析問題，對當時的形勢做出迅速而準確的判斷。只有這樣，才可以做出正確、明智、及時的指導。

在條件不利的情況下，必須運用正確的邏輯推理和判斷能力，迅速決定應該採取什麼行動，才不會失去轉瞬即逝的機會。除此之外，還要具有預見能力，以便可以預見在採取行動以後會發生什麼情況和反應。形勢需要對原來的計畫進行修改的時候，就要採取行動對原來的計畫進行修改。

其次，要學會安排工作的先後順序。知道什麼工作可以交給別人的時候，就可以把它們分配出去，不要再考慮它們。對於那些必須由自己處理的事情，也要分出主次和先後，瞭解處理這些事情的方法。

可以把工作排出先後順序，許多問題就可以迎刃而解。具體做法是：把必須完成的工作列出順序，然後按照主次依序處理。這樣一來，真正重要的事情就可以立刻解決。簡而言之，要實行急事先辦的原則，一次只做一件事情。

想要學會這些方法，只要確定以下三件事情：可以交給別人的工作；只有自己可以做的工作；自己工作的先後順序，以及自己交給別人的工作。

最後，必須掌握制定計畫和發布命令的技巧。如果已經決定要做什麼事情，接下來要做的就是制定計畫和發布命令。如果想要達到預期效果，自己的計畫必須切實可行。

掌握以上技巧的時候，就可以具備正確的指導能力。

六個原則，讓員工貫徹自己的意圖

以下是讓員工貫徹自己意圖的六個原則：

一、事先想到任何可能出現的情況

可以做出正確而及時的決定，需要依靠對形勢的準確判斷。經常使用那句問話：「如果……怎麼辦？」這樣一來，就會強迫自己去考慮可能讓自己失敗的所有情況。那些缺乏預見能力的管理者，最後都會遭遇失敗。

二、徵求員工的意見

在做出最後決定之前，可以徵求員工的意見，瞭解他們的看法，吸取他們的經驗。在徵求他們的意見

·彼·得·原·理·

之後，就可以宣布自己的意圖，從那個時候開始，就有權力期望員工全力支持，並且服從自己的命令。

三、掌握宣布自己意圖的適當時機

選擇適當時機宣布自己意圖是非常重要的，要讓員工有充分的精神準備和時間安排，否則他們沒有足夠時間去制定計畫，如何貫徹自己的意圖？

四、鼓勵員工以變應變

任何形勢不可能一成不變，錯誤隨時都有可能出現，意外隨時都有可能發生，要鼓勵員工對當前形勢做出判斷，出現錯誤或是發生意外的時候，及時制定適應情況的計畫。

五、讓員工充分瞭解全局

做出正確而及時的決定以後，應該讓所有人知道。缺乏溝通而造成的錯誤，比故意不服從造成的錯誤更嚴重，只有讓員工充分瞭解全局，才可以貫徹自己的意圖。

六、重視自己意圖的長遠影響

只考慮自己的意圖有什麼利益是不夠的，必須可以預見自己的意圖有什麼影響。員工開始貫徹自己意圖的時候，事情就會發生連鎖反應。

最後切記，不要讓自己今天的指導，給明天領導員工帶來各種麻煩！

—第六章—

美即好效應：唯才是舉，不要以貌取人

美國心理學家丹尼爾•麥克尼爾指出：面對一個容貌漂亮的人，人們會認為他的其他方面也很好，這就是「美即好效應」。生活中，很多人都會以貌取人，有些管理者也不例外。

人不可貌相，海水不可斗量。以貌取人，或是對一個人的能力以偏概全，可能會失去很多寶貴的東西。管理者要摒棄以貌取人的觀念，唯才是舉，客觀地任用人才。

相貌不等於能力，以貌取人不可取

有些管理者習慣以貌取人，對相貌出眾的人關愛有加，對其貌不揚的人避而遠之，這是一種不正常的現象。

如果仔細分析，以貌取人也是事出有因。很多人會有一種思維定式，如果討厭一個人，就會排斥這個長相的人。亞里斯多德說：「美麗是比任何介紹信更有效的推薦函。」此話真是一語中的。

事實上，許多人雖然其貌不揚，但是卻有真才實學。齊宣王的成功，正是得益於不以貌取人。

當時，齊國有一個醜女子，名叫鐘離春，以才識知名。齊宣王聽聞以後，立刻下令召見她，問其治國安邦之道，鐘離春從容應答、縱論國事、分析利弊、高瞻遠矚、策論服人。於是，齊宣王依照鐘離春之策，拆漸台、罷女樂、退諂諛、進直言，立太子並且拜鐘離春為王后。就這樣，在鐘離春的輔助下，齊國日益富強。

現實生活中，有些管理者習慣以貌取人，其實是錯誤的行為。原因很簡單：相貌不等於能力，相貌好看不一定可以做事。

人不可貌相，海水不可斗量

「人不可貌相，海水不可斗量。」這是中國一句古話。泰戈爾曾經說：「你可以從外表的美麗來評論一朵花或是一隻蝴蝶，但是不能這樣來評論一個人。」以貌取人，完全沒有科學根據。事實上，其貌不揚的人有很多飽學之士，相貌出眾的人有很多平庸之輩。

澹臺滅明，字子羽，魯國武城人，長相醜陋，欲拜孔子為師。孔子看到他的容貌，認為不會有什麼出息。因為他是子游介紹而來，所以孔子雖然看不起他，還是將他收為弟子。

澹臺滅明在孔子那裡學習三年以後，孔子終於知道他是貌醜而德隆之人，所以說「以貌取人，失之子羽」。

澹臺滅明學成之後，曾經擔任魯國大夫，後來南下楚國，設壇講學，培養許多人才，成為當時儒家在南方一個有影響力的學派。

管理者只是依靠表面判斷，就會導致「以言取人，失之宰予；以貌取人，失之子羽」。

管理者在用人的時候，必須學會綜合考察，只有深入調查和綜合考察，才可以準確評價人才，才可以順利發現人才。

堅持「唯才是舉」的用人標準

「唯才是舉」的思想，在很久以前就有了，但是真正作為用人方針，是東漢時期的曹操提出的。以後歷代明君以此為準則，大膽地用人。他們對人才的看法，大致有「黃金累千，不如一賢」「賢才，國之寶也」「得一良將才，勝百連城壁」。人才比金錢更重要，比城池更有價值。項羽以失人才而亡，劉邦以得人才而興，歷史告訴我們：只有任用賢能的人才，才可以興國安邦、成就大業。

漢代劉邦雖然沒有提出「唯才是舉」，但是他確實做到唯才是舉，舉用酈食其就是一例。在劉邦初起反秦之時，酈食其貧苦潦倒，但是有戰國策士遺風，聽說劉邦喜歡結交豪傑，主動前去拜見。他去劉邦的驛館拜見，只見劉邦傲慢地坐在床頭，讓年輕侍女給他洗腳，對酈食其視而不見。

酈食其不動聲色地說：「足下帶兵如此，是想要幫助秦國攻打諸侯各國，還是與諸侯各國聯合攻秦？」聽了這個窮酸迂腐的老儒的一席話，劉邦破口大罵。酈食其說：「想要推翻秦朝，為什麼這樣坐著接見長者？用如此傲慢的態度接見賢人，以後還有誰願意為你獻策？」劉邦一聽，立刻停止洗腳，將濕淋淋的雙腳往鞋中一套，整衣而起，熱情地接待酈食其。

酈食其滔滔不絕地從六國的成敗談到滅秦的計策，劉邦聽了非常佩服，立刻下令款待酈食其，共商伐秦大計。劉邦採用酈食其的計謀，一舉拿下陳留要地。此後，劉邦確認酈食其為能人，立刻封他為廣野君。為了報答劉邦知遇之恩，酈食其把自己有勇有謀的弟弟引薦給劉邦。後來，酈食其之弟酈商為平定天下立下汗馬功勞。

一九二九年的一天，徐悲鴻偶然參觀國畫展覽。許多裝裱精緻的作品，令人眼花撩亂。但是他覺得沒有什麼意思，有些作品缺乏新意、矯揉造作，使人昏昏然。正欲離開的時候，一幅掛在無人注意的角落裡的作品引起他的興趣。只見畫上幾對大蝦體若透明、活靈活現，徐悲鴻慨嘆不已：這裡竟然有一位如此出色的國畫大師。

「哈哈，你真是會開玩笑！它的作者齊白石，只是土裡土氣的鄉巴佬，何以稱為大師！」身旁的朋友說。

「我不是開玩笑。我不僅要拜訪他，還要聘請他擔任教授！」徐悲鴻嚴肅地說。

幾天以後，徐悲鴻聘請齊白石擔任北平大學藝術學院教授。一年以後，由徐悲鴻編集作序的《齊白石畫集》問世，齊白石因此名聞天下。

·彼·得·原·理·

劉邦和徐悲鴻的事例告訴我們：只要是人才，就要大膽地舉用，減少其他因素對用人的影響。識才用才，不能因噎廢食。

值得注意的是：提倡「唯才是舉」，不是完全不考慮品格。一個人即使能力很強，如果欠缺優秀品格，也是難以承擔責任，甚至會對社會產生危害。因此，提拔人才的時候，必須對品格加以考察，選拔德才兼備之人。

擇才不拘一格，不可苛求完美

「不拘一格」的「一格」，是指前人的規範，或是自己的習慣。只有破除「一格」，才可以獲得更多的人才，才可以運用別人的智慧和力量，成就自己的事業。

《郁離子》有一個故事：趙國有一個人，家中老鼠為患，到中山國討了一隻貓回來。中山國的人告訴他，這隻貓會捉老鼠，但是也會咬雞。過了一段時間，趙國人家中的老鼠被捉完了，不再有鼠害，但是家中的雞也被咬死了。

趙國人的兒子問他：「為什麼不把這隻貓趕走？」言外之意是：貓雖然有功，但是也有過。

趙國人回答：「這不是你瞭解的事情。我們家最大的禍害在於有老鼠，不是在於沒有雞。如果老鼠偷吃我們的糧食，咬壞我們的衣服，穿通我們的牆壁，毀壞我們的家具，我們就要挨餓受凍，不除掉老鼠怎

·彼·得·原·理·

麼可以？沒有雞，最多不吃雞肉；把貓趕走，老鼠又會為患，為什麼要把貓趕走？」

趙國人深知貓產生的作用超過貓造成的損失，所以不把貓趕走。

處理事情的時候，如果強調細枝末節，以偏概全，沒有重點，思緒雜亂，不可能知道要從哪裡開始做起。因此，無論是選人還是做事，都要掌握關鍵問題，不要因為細節而妨礙事業發展。

古人把「不拘小節」看作是一個人是否可以成功的關鍵。他們提倡胸懷大局，不糾纏於細枝末節，重視一個人的優點，而不是他的缺點。做成大事的人，不計較小事；成就功業的人，不追究瑣事。

戰國時期，衛國的苟變具有軍事才能，可以帶領五百乘兵，即三萬七千五百人，那個時候可以帶領這麼多兵，可以算是大將之才。子思到衛國，會見衛侯的時候，向他推薦苟變。衛侯知道苟變有將才，可是他擔任稅務官的時候，吃了農民的兩個雞蛋，所以不用他。

子思聽了，要衛侯不要說出去，否則各國諸侯聽到以後會取笑他。子思指出這種想法是錯誤的，認為用人要像木匠用木材一樣，「取其所長，棄其所短」。現在處於戰國之世，需要許多軍事人才，怎麼可以因為兩個雞蛋而不用良將？

因為子思的話說到重點，衛侯改變自己的想法，同意用苟變為將。如果沒有子思的推薦和教導，具有將才的苟變就會因為兩個雞蛋而被衛侯棄置不用。

一第七章一

貝爾效應：管理者要成為員工的階梯

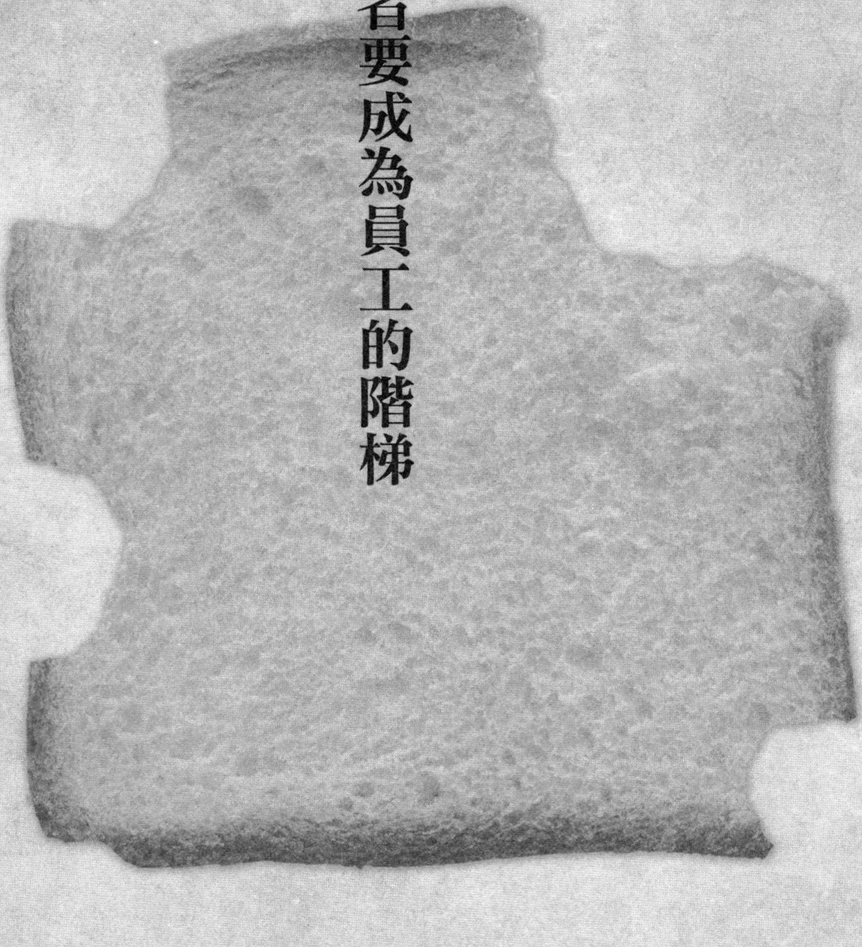

英國學者貝爾天賦極高，曾經不止一人預測，如果他畢業以後進行晶體和生物化學的研究，絕對可以獲得諾貝爾獎。但是他心甘情願地選擇另一條道路——提出許多課題，引導別人進行研究，幫助別人登上科學的頂峰。於是，有些人把這種行為稱為「貝爾效應」，也稱為「階梯效應」。

這個效應要求管理者具有伯樂精神，以大局為重，慧眼識才，放手用才，敢於提拔人才，為有才華的員工創造脫穎而出的機會。

發揚伯樂精神

宋朝時期，太尉王旦經常在皇帝面前稱讚寇準的長處，推薦他為宰相，但是寇準經常在皇帝面前說王旦的壞話。

有一天，皇帝忍不住對王旦說：「你經常稱讚寇準的長處，可是他經常說你的壞話。」王旦說：「本來就應該這樣。我在宰相的位置上時間很久，在處理政事的時候，一定有很多錯誤。寇準對陛下不隱瞞我的缺點，更可以顯示他的忠誠，這就是我看重他的原因。」

有一次，王旦主持的中書省送交寇準主持的樞密院一份文件違反規定。寇準立刻向皇帝彙報此事，王旦因此受到責備。事隔不到一個月，樞密院有文件送交中書省，結果也違反規定，辦事人員興奮地把這份文件送交王旦，以為王旦會報復寇準，可是他沒有這樣做，而是把文件退還給樞密院，希望他們修正。對此，寇準十分慚愧，見到王旦的時候，稱讚他度量很大。後來，寇準升任武勝軍節度使、同中書門下平章事，感謝皇帝任用他。不料皇帝卻說：「這是王旦的推薦。」寇準更敬服王旦。

王旦擔任宰相十二年，推薦的大臣有十幾個，大多很有成就。王旦表現出來的就是現代人說的「貝爾效應」，其實也可以稱為「王旦效應」。

管理者應該向貝爾和王旦學習，運用「貝爾效應」。一個成功的管理者，應該以公司業務為重，以團體利益為先，發揚伯樂精神，慧眼識才，努力養才，放手用才。

推薦人才，要有大公無私的胸懷

管理者要有大公無私的胸懷，敢於提拔和任用能力比自己強的人，為有才華的員工創造脫穎而出的機會。

春秋時期，祁黃羊是晉國大夫，後來擔任中軍尉。有一次，晉平公問祁黃羊：「南陽縣缺一個縣官，應該叫誰去比較適合？」

祁黃羊毫不遲疑地回答：「叫解狐去最適合，他一定可以勝任！」

晉平公驚訝地說：「解狐不是你的仇人嗎？你為什麼還要推薦他？」

祁黃羊說：「你只問我誰可以勝任，沒有問我誰是我的仇人！」

於是，晉平公叫解狐去南陽縣上任。解狐到任以後，為那裡的人做出許多好事，人們都稱讚他。

過了一些日子，晉平公又問祁黃羊：「現在朝廷裡缺少一個法官，誰可以勝任這個職位？」

祁黃羊說：「祁午可以勝任。」

晉平公覺得很奇怪，問：「祁午不是你的兒子嗎？你怎麼推薦自己的兒子，不怕別人說閒話嗎？」

祁黃羊說：「你只問我誰可以勝任，沒有問我誰是我的兒子！」

於是，晉平公派祁午去做法官。祁午擔任法官以後，為人們做出許多好事，受到人們的歡迎與愛戴。

孔子聽到這兩件事情，十分稱讚祁黃羊：「祁黃羊說得太好了！他推薦人才，完全是以才能作為標準，不因為他是自己的仇人，心存偏見，不推薦他；不因為他是自己的兒子，怕人議論，不推薦他。像祁黃羊這樣的人，才可以算是『大公無私』！」

祁黃羊認為，解狐可以擔任縣官，祁午可以擔任法官，就向晉平公舉薦，孔子稱讚他真正做到「大公無私」。祁黃羊可以做到這一點，確實讓人佩服。

我們從中還可以看出，祁黃羊推薦人才的時候，不僅可以做到大公無私，而且察人準確。**所以，「大公無私」還要以「知人善任」作為後盾。**

提攜人才，貴在雪中送炭

「先天下之憂而憂，後天下之樂而樂」的范仲淹，不僅是一位造福鄉里的名臣，也是一位提攜人才的名臣。

范仲淹在淮陽做官的時候，有一天在批閱公文，屬下領來一個要面見他的瘦弱青年。范仲淹見此人雖然衣衫破舊，但是文質彬彬，立刻停下工作，問他姓名和來意。此人不願意說出自己的名字，只說自己姓孫，是一個窮秀才，因為生活窘迫，特來請求范仲淹賞賜一千制錢。

范仲淹沒有追問，叫人拿錢給他。次年，屬下又向范仲淹稟報，去年曾經來過的那個秀才又來了，范仲淹立刻命人將他領進來。見面以後，孫秀才開門見山，仍然索要一千制錢。范仲淹如數給他，並且關心地問：「家中有什麼天災人禍嗎？」

孫秀才不好意思地說：「母親年老多病，我是一個讀書人，不會耕田，不會做工，不會經商，所以無計可施。自從流浪到此，許多人稱讚你是一位清官，愛民如子，所以冒昧求見，請你賜憐。」

范仲淹聽完孫秀才的話，情不自禁地想起自己的身世：兩歲喪父，母親帶著他改嫁給一個姓朱的人。因為家境貧窮，買不起紙筆，只能用木棍在沙土上學習寫字。成年以後得知家事，含淚辭別母親來到應天，在戚同文門下讀書。因為沒有錢，每天只能吃一些凝固的粥塊。

范仲淹想到這裡，更同情孫秀才。他思忖半天，突然興奮地告訴孫秀才：「我可以幫你謀得學職，每天抄寫東西，大概可以賺一百錢。這樣一來，你可以安心學業，也可以養家度日。」孫秀才大喜過望，即刻答應，隨後到任。不久以後，范仲淹調離淮陽，到其他地方任職。

這個孫秀才，名復，字明復，是山西平陽人。在范仲淹的幫助下，他的生活壓力逐漸減少，並且有良好的讀書條件。他刻苦學習，深入鑽研，學業突飛猛進。但是由於進京趕考名落孫山，他一氣之下跑到泰山，專心攻讀《春秋》，成為當時著名的經學家，世稱「泰山先生」。

幾年以後，范仲淹得知孫復學業已成，而且很有建樹，就把他推薦給皇帝。後來，孫復擔任秘書省校書郎，又擔任國子監直講，即最高學府太學的教官。人們聽說這件事情以後，對范仲淹的慷慨相助和培養人才的行為讚嘆不已。

范仲淹培養人才，提供他們可以生活和學習的條件，解除他們的後顧之憂。這種對人才的培養看似無

·彼·得·原·理·

心，其實是培養者的素養累積，以及提供人才許多機會。

員工遇到困難的時候，管理者及時給予幫助，無異於雪中送炭。管理者可以盡自己所能，為員工排憂解難，員工的才能就可以得到更好的發揮。

成為「伯樂」，更要成為「階梯」

這是一個知識爆炸的時代、一個人才輩出的時代。時勢為我們造就許多人才，他們分布在三百六十行之中，管理者要從其中找出人才，讓他們成為各行各業的佼佼者，這是管理者成功的關鍵步驟。為此，管理者必須成為一個可以識別「千里馬」的「伯樂」。

想要選拔人才，就要有識才的眼光。不識才，何談擇才、用才、御才，何談事業之興旺發達？想要選拔人才，更要講究方法和藝術，用人不易，識才更難。

一個出色的管理者，善於知才、識才，可以根據自己的經驗與智慧去識才，展示自己的用人藝術，儘管風格各異，卻遵循一定的規則。

想要選拔人才，就要練成一雙銳利的慧眼。如果每個人都可以識才，管理者就不必為人事問題而操心。但是事實並非如此，管理者需要大量的人才，這些人才散布於民間，正在等待我們去發現。

·彼·得·原·理·

尊重人才，是管理者必須具備的胸懷和魄力。**一個成功的管理者，不僅要有「伯樂」的眼光，更重要的是：要為「千里馬」提供施展才華的機會和舞台。**

管理者要成為「伯樂」，也要成為「階梯」，主動為員工創造機會，讓他們接受鍛鍊以增長才智，以「前人種樹，後人乘涼」的胸懷，讓他們登上更高的舞台，施展自己的抱負。如此一來，才可以為公司的長遠發展，貢獻自己的力量。

—第八章—

德西效應：妥善使用激勵的法寶

美國心理學家愛德華・德西在實驗中發現：在某些情況下，人們在外在報酬和內在報酬兼得的時候，不僅不會增強工作動機，反而會降低工作動機。此時，動機強度會變成兩者之差，人們把這種現象稱為「德西效應」。這個結果顯示：進行一個愉快的活動（內感報酬），如果提供外部的物質獎勵（外加報酬），反而會減少這個活動對參與者的吸引力。

管理者要特別注意正確使用激勵而不是濫用激勵，避免「德西效應」，妥善處理精神激勵與物質激勵的關係，使員工的工作動機得到最大限度的激發。

為什麼會產生「德西效應」？

在日常生活中，「德西效應」的現象隨處可見。例如：有一個孩子對唱歌很有興趣，自己在家認真地唱歌，唱得很開心。這個時候，父母走進來，為了表示對孩子的關心，隨口說出：「你唱得很好，給你十元當作獎勵。」結果，這個孩子變成只為錢而唱歌，沒有錢就不想唱歌。在學校裡，學生認真學習是天經地義的事情，老師為了激勵學生，經常發放獎品，結果發現沒有獎品的時候，學生的學習態度會變得消極。

為什麼會產生「德西效應」？根據研究，有以下幾個原因：

第一，外加報酬「糟蹋」內感報酬。

內感報酬是發自人們內心的，是無價的，只能自己感受和體驗，無法由外在界定，否則就會庸俗化，就會貶值。有些畫家經常將自己的作品送給朋友，如果朋友給他們錢，他們會非常生氣，為什麼？因為外加報酬損害和減弱內感報酬。因此，絕對不要以為，外加報酬加上內感報酬可以使人們的行為動機程度達到頂峰，實際上反而更糟糕。

第二，外加報酬被過早地預知。

從事某個活動的時候，如果外加報酬被預知，內感報酬就會大打折扣。

第三，原有的外加報酬距離可以被滿足的程度太遠，對外加報酬的要求過高。

第四，直接激勵的強度不足、價值觀念的某些偏差，都有可能產生「德西效應」。

以上幾個影響因素如果可以妥善處理，就可以降低外加報酬對內感報酬的消極影響，甚至外加報酬會在不影響內感報酬的情況下，發揮積極的作用。

對於一個企業來說，薪酬雖然是企業用人的有效手段，直接影響員工的工作情緒，但是要慎重制定薪酬標準，否則可能會產生「德西效應」，不僅無法激勵員工，還有可能造成負面影響。對待員工，激勵方法應該是基於員工需求，也就是說，必須瞭解員工，知道他們想要什麼。只有這樣，才可以留住優秀人才，才可以保證企業的競爭力。

在管理工作中，管理者要妥善處理內感報酬與外加報酬的關係，也就是妥善處理精神激勵與物質激勵的關係，避免產生「德西效應」，使員工的工作動機得到最大限度的激發。

薪酬激勵，給員工一份保障

激勵的形式分為精神激勵和物質激勵，精神激勵用以滿足「心理上的需要」，物質激勵用以滿足「生理上的需要」。物質是人類生存的基本條件，衣食住行是人類最基本的物質需要，從這個意義上說，物質利益對人類具有永恆的意義，也是人類永恆的追求。

現代心理學理論認為，人類的行為是一個可以控制的系統。藉助於心理的方法，對人類的行為進行研究和分析，並且給予肯定和鼓勵，使其有利於生產和有益於社會的行為得到認同，以達到定向控制的目的，並且使其強化。這樣一來，就可以維持其動機，促進這些行為的保持和發展。

金錢是物質激勵中最主要的形式，是一種間接滿足需要的方式。從某種意義上說，金錢是物質需要的滿足，也是精神需要的滿足，因為它可以作為地位的象徵、自尊的依據、安全的保障。

有些外國企業對金錢激勵十分重視，認為這是激發人類動機的重要手段。在某個調查機構「最受ＭＢ

A歡迎的五十家企業」的調查報告中，寶潔公司榜上有名。寶潔公司如此受到員工的青睞，其中一個重要原因是：公司為員工提供具有競爭力的薪酬。每年，寶潔公司都會請國際知名的諮詢公司進行市場調查，內容包括：同類行業的薪酬程度、跨國公司的薪酬程度，然後根據調查結果及時調整薪酬程度，進而使公司的薪酬具有足夠的競爭力。

有一位學者說：「企業不僅要事業留人、感情留人，更要金錢留人、福利留人。」某個民意調查機構在研究以往二十年的資料以後發現：在所有的工作分類中，員工們都將薪酬與收益視為最重要或是次重要的指標。薪酬可以影響員工的行為——員工會決定在哪家企業工作，以及是否認真工作。

薪酬可以提供保障，可以給員工寬慰，就像農民有一塊土地，在風調雨順的時候，可以保證他有好收成。只有可以滿足員工的基本生活需要的薪酬，才可以讓他們感到安全，才可以把他們留在職位上繼續工作，否則他們就會考慮其他的工作選擇。

因此，如何讓員工從薪酬上得到滿足，成為現代企業組織應該努力學習的課題。管理者應該為員工提供具有競爭力的薪酬，使他們珍惜這份工作，竭盡全力地認真工作。支付最高薪酬的企業，總是可以吸引並且留住人才。一個結構合理而管理良好的薪酬制度，可以留住優秀的員工，淘汰普通的員工。

願景激勵，讓期望產生動力

在企業組織中，每個員工都會有所期望，但是這種期望沒有形成動力，就像每個人都希望擁有漂亮的房子，但是沒有設計圖一樣。因此，管理者必須瞭解員工的期望，並且把這種共同的期望變成具體的願景，如果這個具體的願景生動地表現出來，員工就會從思想上產生一種共鳴，毫不猶豫地追隨管理者。具體地說，管理者利用明確而具體的願景激勵員工，就是擔任「建築師」的角色。「建築師」把自己的想法具體地表現在設計圖上，讓「建築」的形象生動地表現出來，以此激發員工為之努力工作。

一個成功的管理者，必須塑造共同願景、創造共同價值以激勵員工。

美國電話電報公司前總裁鮑伯·艾倫發現，公司過去的想法和做法就像是受到保護的公共事業，必須加以改變，而且是在行業動盪不安的時候進行改變。公司的規劃部門為關鍵性的戰略任務提出一個定義：

讓現有的網路承載更多的功能，開發新產品，進而符合資訊事業的需求。

艾倫決定不使用這樣理性和分析性的名詞來談論公司的願景，也不談論以擴張競爭態勢為重點的戰略意圖，而是選擇非常人性化的語言。他說：「公司致力於讓人們愉快地相聚，讓他們容易互相聯繫，讓他們容易找到需要的資訊——隨時、隨地。」這個陳述表達公司的願景，但是他使用非常簡單而人性化的語言，使每個人都可以理解。更重要的是：員工可以對這樣的任務產生共鳴，並且以此為榮。

明確的企業願景是正當可行的，它不是公關慣用的華麗辭藻，也不是鼓舞士氣的誇大宣傳。所以，管理者對於定義適當的願景，應該做出具體的承諾。

美國康寧公司總裁哈夫頓曾經委託公司最能幹、最受尊敬的主管負責公司的品質管理。儘管經歷一次嚴重的財務危機，哈夫頓還是撥出五百萬美元，創立一個新的品質管理學院，用以實施公司大規模的教育和組織發展計畫。

同時，他把員工的訓練時間提高到工作時間的五%，公司的品質管理計畫很快達到他的期望。正如一位高層主管所說：「它不僅改善品質，也為員工找回自尊和自信。」

讓所有員工願意為企業願景奉獻力量，並且讓這樣的努力持之以恆，應該是管理者追求的目標。

當然，即使有行動的設計圖，如果沒有明確規劃實現的過程，也無法使員工產生信心。因此，規劃遠景的同時，必須規劃實現遠景的具體步驟。這是一個必經的過程，是指從現在到實現願景採取的方法和手段。

激勵人心，把感謝送進心裡

《三國演義》記載：長坂坡之戰是曹操和劉備的戰爭，趙雲負責保護劉備的妻兒。由於曹軍來勢凶猛，劉備雖然衝出包圍，妻兒卻陷入曹軍圍困之中。趙雲拼死刺殺，七進七出，終於尋到劉備之子阿斗。趙雲衝破曹軍圍堵，追上劉備，呈交其子。劉備接子，擲之於地，慍而罵之：「為汝這孺子，幾損我一員大將！」趙雲抱起阿斗，連連泣拜：「雲雖肝腦塗地，不能報也！」

劉備成功「燃燒」趙雲，堪稱是激勵人心的始祖。這把火點在趙雲的心裡，再也沒有熄滅。

某飲料公司有一個業務員努力工作，取得優秀的業績，總經理把他叫到辦公室，對他說：「你今年的表現很好，公司決定獎勵你十萬元！」業務員非常高興，向總經理道謝以後，就要離開。

這個時候，總經理突然叫住他：「你今年有幾天在家，陪伴你的妻子幾天？」

·彼·得·原·理·

業務員回答：「我在家不超過十天。」

總經理拿出一萬元給他，對他說：「這些錢給你的妻子，感謝她對你的工作無怨無悔的支持。」

總經理又問：「你的兒子幾歲，你今年陪伴他幾天？」

業務員回答：「兒子不到六歲，今年我沒有陪伴他。」

總經理又拿出一萬元給他，對他說：「這些錢給你的兒子，然後告訴他，他有一個偉大的父親。」

業務員激動得熱淚盈眶，總經理又問他：「你今年和父母見面幾次？」

業務員回答：「一次也沒有，只有打電話給他們。」

總經理說：「我要和你一起去拜訪他們，感謝他們為公司培養如此優秀的人才，並且代表公司，送給他們一萬元。」

業務員無法控制自己的情緒，哽咽地對總經理說：「感謝公司對我的獎勵，我一定會更努力工作。」

同樣是十三萬元，如果總經理直接給業務員，效果可想而知。但是花費一些心思，產生的效果完全不同。

激勵員工不是非常困難的事情，只要管理者確實為員工著想，真誠地感謝員工，感謝員工的家人，把自己的感謝送進員工的心裡，就是最好的獎勵。

—第九章—

秋尾法則：信任是激勵的最好武器

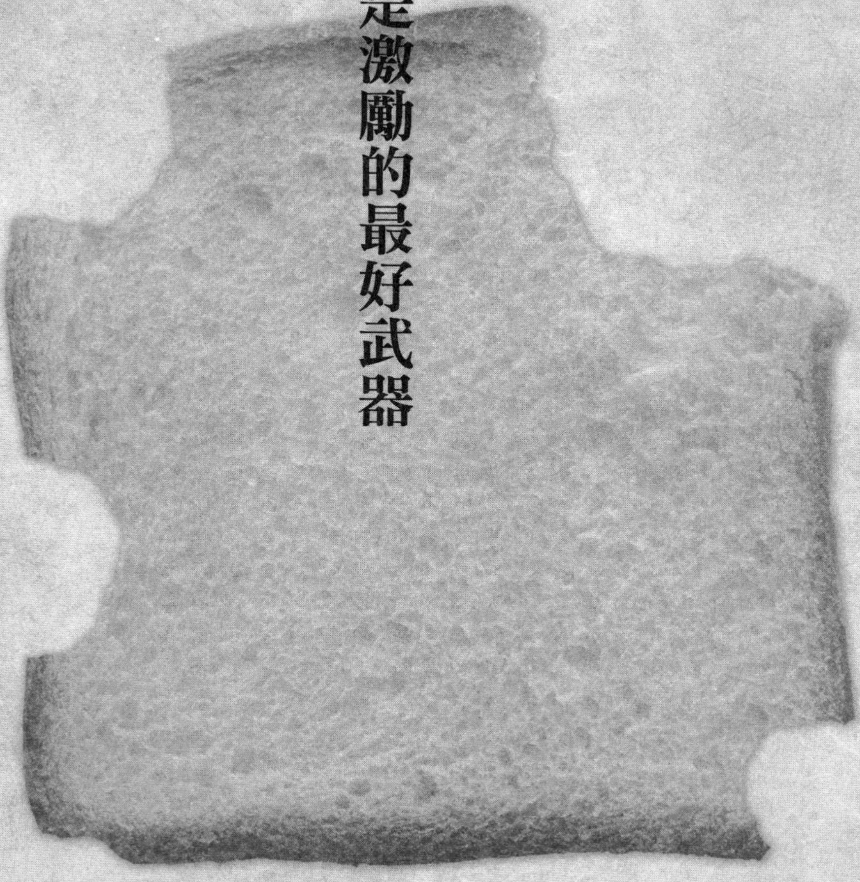

如果把重要的責任放在年輕人的肩上，即使沒有任何頭銜，他們也會因為覺得自己前途無量而努力工作，這是日本管理學家秋尾森田提出的理論。也就是說，重用即是獎勵，信任容易勝任。

管理要實現最佳的狀態，創造最高的效率，前提是：對員工做到充分尊重和信任。尊重可以讓員工有主角的感覺，信任可以激發員工的潛能，提升員工的工作熱情。給予員工充分尊重和信任，員工才會絕對信任管理者，投桃報李，為管理者盡展其才華，為管理者帶來回報。

信任——成就員工，塑造團隊

信任是一種複雜的社會現象與心理現象。信任是合作的開始，也是企業管理的基礎。一個無法相互信任的團隊，是一個沒有凝聚力的團隊，也是一個沒有戰鬥力的團隊。信任員工，對於一個團隊有重要的作用：

第一，信任可以使員工處於互相包容、互相幫助的人際氛圍中，容易形成團隊精神以及積極情感。

第二，信任可以使員工感覺到自己對別人的價值和別人對自己的意義，滿足個人的精神需求。

第三，信任可以有效地提高合作程度與和諧程度，促進工作的順利進行。

彼得是一個規模不是很大的食品公司的業務主管，在這樣的工作職位上，一做就是五年。這些年以來，他工作認真，積極進取，不斷提升自己的銷售技能，銷售業績連年第一，深受總經理的賞識。總經理決定讓他去深造，目的是給他更多的壓力和機會，於是為他報名一個培訓課程。

由於培訓中接觸的都是一些企業的高級主管，學習機會很多，他的眼界得到很大的開拓，企業管理和銷售理念也獲得提升。回到公司以後，他在自己的團隊中創建一個學習小組，接下來的一年，這個小組創造奇蹟，公司的銷售規模擴大一倍。目前，公司已經是許多企業集團的供應商，銷售規模擴張到各個國家。

信任員工，讓員工承擔更重要的工作，對於企業發展有重大意義。

對員工要尊重和信任

在談到管理的時候，人們經常喜歡引用一句話：「沒有規矩，不成方圓。」但是我們忽略一個事實：如果無法充分調動員工的積極性，規矩越多，管理成本越高。所以，企業管理最重要的是：對員工的尊重和信任。

「尊重個人！」這個原則在一九一四年老湯瑪斯・華生創辦ＩＢＭ公司的時候已經提出，小湯瑪斯・華生在一九五六年接任公司總裁以後，把這個原則發揚光大，上至總裁下至工友，無人不知，無人不曉。ＩＢＭ公司的「尊重個人」，表現在「公司最重要的資產是員工，每個人都可以使公司變成不同的樣子，每個員工都是公司的一份子」的理念上，也表現在合理的薪酬體系、能力與工作職位相符合、充分的培訓和發展機會、公司的發展依靠員工的成長。

管理，尤其是對人的管理，過多地強調「約束」和「壓制」。事實上，這樣的管理經常會適得其反。

許多企業和企業家已經意識到這一點，開始尊重和信任員工，並且瞭解他們的需要，然後滿足他們。

讓管理使員工感覺親切，讓管理者與員工拉近距離，讓管理者與員工在沒有拘束的交流中激發熱情與信任，這個理念在優秀的企業家心中已經達成共識。

想要有效地管理員工，管理者必須與員工拉近距離，還要真正關心員工，不僅關心員工的身體狀況，更重要的是：關心員工的前途和未來，包括員工的薪資和報酬，也包括員工學習的機會、得到認同的機會、得到發展的機會。

尊重和信任員工，是人性化管理的必然要求，員工只有受到尊重和信任，才會覺得自己受到重視，才會發自內心地工作，並且站在管理者的立場，主動與管理者溝通想法和討論工作，完成管理者交辦的任務，心甘情願為公司的榮譽付出。

想要有人性化的管理，就要有人性化的觀念，也要有人性化的表現，最簡單和最根本的方法是：尊重和信任員工。管理者要把員工當作自己的家人，讓管理從尊重和信任員工開始。

一份信任，換取十倍回報

古人云：「士為知己者死。」信任在人類的精神生活中不可缺少，它代表一種對人類價值的積極肯定和評價。信任表示一種激勵，這種激勵可以激發人們積極而熱情的情緒。

魏徵原本是太子李建成的親信和首席謀士，幫助李建成與李世民爭奪帝位。李世民曾經說，自己看到魏徵就像看到仇人一樣。

後來，李世民發動玄武門事變，擊斃太子李建成以後被立為太子。他怒斥魏徵，魏徵回答：「皇太子建成如果聽我的話，一定不會有今天這樣的禍事。」

李世民聽了以後肅然起敬，被魏徵忠心護主、剛直不阿的精神打動，於是給他許多禮遇，多次召見他進入寢宮詢問治國大計，並且任命他為諫議大夫，對他敬重萬分。

李世民對魏徵說：「你的罪行比射中齊桓公一箭的管仲更大，我對你的信任卻超過齊桓公對管仲的信任。」

魏徵被李世民的氣度和信任感動，決定以其畢生的心力為李世民效勞。

從這個故事中，我們可以看出：如果給予別人一份信任，他會給予十倍回報。

管仲在擔任齊國宰相以前，曾經負責押送犯人，但是他與其他押解官不同，沒有按照預定行程押送犯人，而是讓他們按照自己的意願安排行程，只要在預定的時間以內到達就可以。犯人們覺得這是管仲對他們的信任與尊重，因此沒有人中途逃跑，全部如期趕到指定地點。

由此可見，信任對人們的影響有多大。古人說：「用人不疑」，也是這個道理——信任是激勵的最好武器。

把公司交到員工手裡

為了調動員工的積極性，許多公司設法讓員工成為公司的主人。然而，只有充分尊重員工的權利，員工才會將公司視為自己的公司，才會為公司積極地工作。

美國戴那公司董事長麥克佛森的經營秘訣是：「把公司交到員工手裡。」

麥克佛森讓公司的「工廠領導者」（廠長）直接控制自己工廠的人事、財務、採購，讓人事、財務、採購的權力分散。這似乎違反經濟原理，因為從理論上說，集體採購是壓低成本、節省費用的良方，但是麥克佛森認為集體採購不可行。「工廠領導者」為每個季度的目標負責，如果集體採購，在九十天之後，就會有人說：「本來可以達成目標，但是那個該死的採購，沒有準時把我要的鋼鐵買回來，所以無法達成目標，也許下個季度……」在採購部門的權力分散以後，如果一些「工廠領導者」覺得有必要，他們會自己聯合起來壓低成本。

戴那公司沒有工作準則，也不必寫報告，一位執行副總裁說：「我們只有信任！」公司充分尊重每個員工。二十世紀八〇年代初期，時逢經濟蕭條，公司被迫辭退一萬個員工。為此，公司每個星期要給每個員工一份通訊錄，在這份通訊錄中，指出下一個可能裁員的是哪些部門，並且指出被裁員部門的員工前途如何。這種做法很有成效：裁員以後，購買股票的員工超過八〇%，包括被辭退的員工。裁員以前，八〇%的員工只是透過自由入股計畫，成為公司的股東。

在麥克佛森的經營下，在二十世紀七〇年代，戴那公司的投資報酬率在「財星五百大企業」中躍居第二。這家位於美國俄亥俄州托雷多市的輪軸製造公司，曾經被認為「擁有有史以來『財星五百大企業』中最差勁的生產線」。一九七九年至一九八一年，雖然受到經濟危機的打擊，但是這家公司卻迅速恢復元氣。

這就是尊重員工、信任員工，把公司交給員工的力量。

賦予參與權，激發工作動機

威爾許進入奇異公司以後，認為公司管理人員太多，但是會領導的人太少，員工對自己的工作比老闆更清楚，主管們最好不要干涉。

為此，奇異公司實行「全員決策」制度，使那些平時沒有機會互相交流的員工和中層管理人員可以出席決策討論會議。自從實行「全員決策」制度以後，公司的業績在經濟不景氣的情況下，仍然取得一些進展。

波士頓大學心理學教授麥克利蘭說：「讓員工有參與決策的權利，賦予員工這種參與權，可以激發他們的工作動機。」

參與決策的員工會感覺到自己在團體中受到重視，如果他們參與決策，覺得管理者把自己看作團體獲取成功的重要角色，就會投入更多精力，增強自己的責任感，為公司創造業績。

參與決策的員工可以進行日常決策，可以從公司直接獲取準確資訊，也是重要因素。不願意提供員工資訊或是不認同員工參與決策的管理者，經常會抱怨員工，甚至無法做出正確決策。**員工想要做出有創造力的決策，就要得到準確而及時的資訊**。如果管理者可以及時提供資訊，並且對員工表示，自己相信他們可以做得很好，他們就會做出正確決策。

參與決策的員工會把做出決策當作自己的責任，有這種責任以後，即使決策實行在後期失去效果，他們也會竭盡所能地改善，使其有所轉機。員工參與決策，可以增加公司成功的機會，即使決策中的某個部分對公司沒有價值，員工也會盡心盡力，不讓結果偏離自己的期望。

參與決策的員工更重視如何培養自己解決問題的能力，而不是批評公司的決策。以往，因為員工沒有參與決策，經常有這樣的言論：「這不是我的決定。」「這是誰的愚蠢想法？」「一百年也無法實行。」這些言論說明兩點：第一，員工對這個決策不滿意；第二，決策失誤，決策者對它是否可以成功沒有把握，使員工產生抱怨。

員工參與決策的精神與動力，在組織內部非常重要。員工如果參與決策，就會知道自己對公司的成功有重要作用。如果認識到自己的重要性，就會對工作產生奮發精神和積極動力。

參與決策的員工做出的決策，如果對工作有巨大推動力，管理者就會有充裕的時間，思考公司發展方向的問題，進而瞭解客戶的需求與不滿。此外，管理者也會有充裕的時間，思考關於改善工作程序和工作方法的問題。

—第十章—

羅森塔爾效應：適當的讚美，可以使平凡變優秀

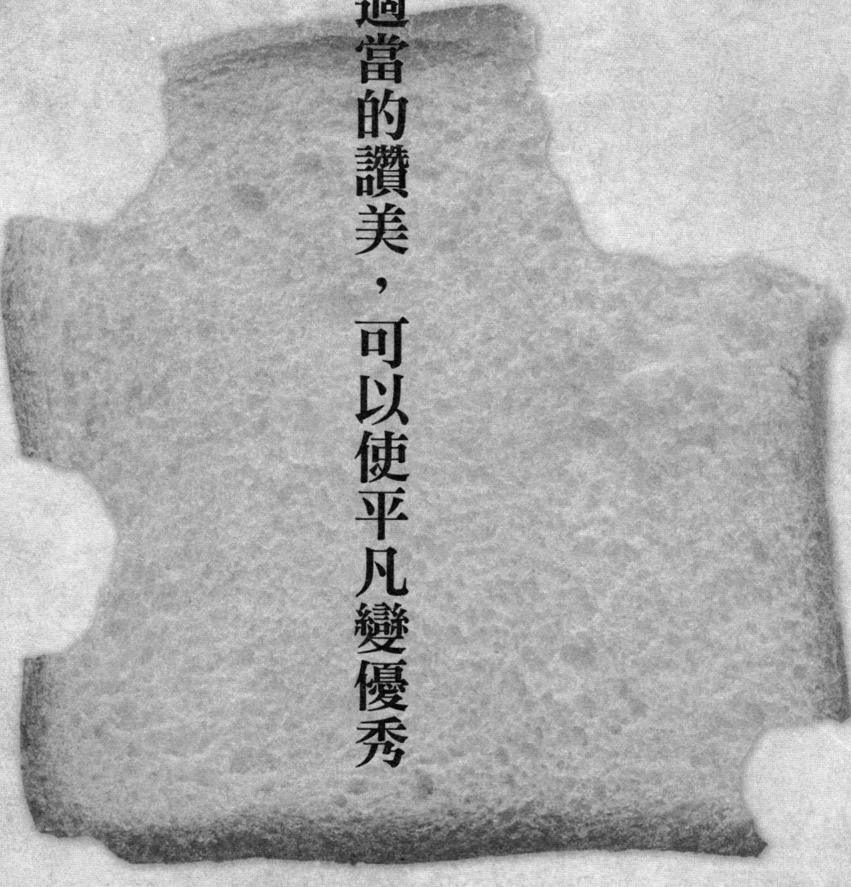

美國心理學家羅森塔爾指出：人們會不自覺地接受自己信任和佩服的人的影響和暗示。讚美和鼓勵是引發一個人體內潛能的最佳方法。管理者應該讚美自己的員工，讓他們感受到積極的期許和希望。積極的讚美可以使員工朝著更好的方向發展，也可以發揮他們的積極性、主動性、創造性。

讚賞的強大力量

作為一個管理者，可以在公共場合表揚有特殊貢獻的員工，或是贈送一些禮物給他們，鼓勵他們繼續奮鬥。一些小投資，可以換來許多業績，何樂而不為！

從前，有一個王爺，他的手下有一個著名的廚師，他的拿手好菜是烤鴨，深受王府裡的人喜愛，尤其是王爺，更是倍加賞識。但是王爺從來沒有給予廚師任何鼓勵，使得廚師每天悶悶不樂。

有一天，王爺有客人從遠方而來，在家設宴招待貴賓，點了幾道菜，其中一道是王爺最喜歡吃的烤鴨，廚師奉命行事。然而，王爺夾了一條鴨腿給客人的時候，卻找不到另一條鴨腿，就問身後的廚師：「另一條腿到哪裡去了？」

廚師說：「稟告王爺，我們府裡的鴨子只有一條腿。」王爺感到詫異，但是礙於客人在場，不便問個究竟。

飯後，王爺跟著廚師到鴨籠察看情況。時值夜晚，鴨子正在睡覺，每隻鴨子只露出一條腿。

廚師指著鴨子說：「你看，我們府裡的鴨子是不是只有一條腿？」

王爺聽了以後，拍了拍手掌，鴨子驚醒，全部站起來。

王爺說：「鴨子不是兩條腿嗎？」

廚師說：「對！對！但是，只有鼓掌拍手，才會有兩條腿！」

想要使員工始終處於施展才華的最佳狀態，唯一有效的方法是：表揚和獎勵。沒有什麼比受到主管批評更可以扼殺員工的積極性。

美國玫琳凱公司總裁玫琳凱曾經說：「在這個世界上，有兩樣東西比金錢和性更為人們所需，那就是：認同與讚美。」金錢在調動員工的積極性方面不是萬能的，但是讚美可以彌補它的不足。因為生活中的每個人，都有強烈的自尊心和榮譽感，對他們真誠地認同與讚美，就是對他們價值的承認和重視。真誠讚美員工的管理者，可以使員工的心理需求得到滿足，並且可以激發他們潛在的能力。打動別人的最好方式，就是真誠地欣賞和善意地讚美。

讚美可以讓員工達到巔峰狀態

可以讓員工達到巔峰狀態的方法是：激勵。管理者是否懂得專業技術不重要，懂得如何聚集人才，如何改善缺點，如何發揮優點，如何激勵員工達到巔峰狀態，才是領導的重點。利用讚美激勵員工的士氣，可以產生事半功倍的效果。

在玫琳凱公司中，讚美是最重要的，所有的行銷計畫都是以它為基礎。在各種場合中，公司總是不吝惜地給予讚美。

會議上的讚美：玫琳凱公司每個地區的分公司在每個星期的會議上，都會有許多業務員的成功經驗的講述和分享，這是一種特別的讚美。主持人介紹這些業務員的時候，其他的業務員都會毫不吝嗇自己的掌聲。

緞帶的讚美：在玫琳凱公司，每個業務員首次賣出一百美元產品的時候，就會得到一條緞帶，賣出兩百美元產品的時候再得到一條，並且以此類推。這種只需要〇·四美元的禮物，比一百美元的禮物更有效果。

別針的讚美：在玫琳凱公司，每個業務員都會以佩戴各種形式的別針為榮，這些別針在美國達拉斯設計製造，然後用飛機運往世界各地，用以獎勵在銷售產品的時候創造業績的業務員。每個別針都有不同的含義，例如代表最高榮譽的鑽石大黃蜂別針：大黃蜂身體笨重，飛起來相當不容易，象徵玫琳凱公司的女性在承受家庭負擔的情況下，還可以獲得如此優異的成績，是非常不容易的。在每個不同的階段，業務員有一些進步和改善的時候，玫琳凱公司都會給予各種不同意義的別針，別針是女性非常喜歡的裝飾品，尤其是象徵榮譽的別針。

《喝采》雜誌的讚美：《喝采》是玫琳凱公司內部發行的雜誌，這本雜誌的最主要目的是給予讚美，它的發行量和許多全國性的雜誌不相上下，刊登每個月世界各地最優秀的業務員、最優秀的培訓員、各種競賽活動及其獲獎情況，詳細介紹優秀的業務員和培訓員，以及這些優秀女性的成功經驗和成長體會。這本雜誌每個月一期，以不同的國家為單位發行，使許多業務員在公開讚美中分享經驗。

粉紅色凱迪拉克的讚美：玫琳凱公司的區級業務員是藍色套裝，再高一個層級是粉紅色套裝，做到可以穿黑色套裝的時候，公司會贈送一輛粉紅色的凱迪拉克轎車。世界上粉紅色的凱迪拉克轎車的主人，都是玫琳凱公司的全國性業務員，開車在街上，許多人都知道他們是玫琳凱公司最優秀的業務員，不僅在公共場合讚美這些業務員，也為玫琳凱公司進行宣傳。粉紅色的凱迪拉克轎車，成為玫琳凱公司「到處跑的廣告」。

讚美的力量不容忽視，有時候甚至比金錢更重要。把讚美運用在企業管理中，可以產生意想不到的激勵效果。**作為一個管理者，首先要瞭解員工的心理，其次要學會讚美員工。**

·彼·得·原·理·

學會讚美，平凡變優秀

每個人在內心深處，都會渴望別人的讚美。在人們的注視下，走到台上領取獎品、鮮花、證書，會有一種很奇妙的感覺。發現自己的名字出現在公司的獎勵名單中，也會感到非常愉快。「原來，我也可以很有名。」這種被人們承認的感覺，比幾千元的禮物更激動人心。

管理者的讚美，對員工有很大的激勵力量。讚美員工，可以建立他們的信心，使他們更有勇氣去嘗試，一段時間以後，就可以獲得巨大的成功。讚美員工，不是一句口號，也不是印在紙上的一句話，它表現在公司活動的各個方面，滲透在管理者的言行舉止中。

作為一個管理者，應該瞭解一個事實：每個員工都需要讚美來保持自信。如果你願意，可以找出許多機會，發自內心地稱讚員工。你的每次讚美，對員工都是很大的鼓勵，可以促進他們改變自我，最終使他們從平凡走向優秀。

及時表揚員工的每個進步

在工作初期，員工經常會感到沮喪和孤獨：失敗的時候，沒有人鼓勵自己；成功的時候，沒有人祝賀自己。這個時候，如果得到的只是片言隻字的表揚，也會令人興奮不已，可以使他們更堅定信心，努力地完成工作。

有些人以為，只有巨大的成功才值得表揚，微小的成功無足輕重。其實，這種想法是錯誤的，沒有考慮人類的心理需求，尤其是在工作初期的沮喪和孤獨。

員工初次擔任某個職務的時候，會對新的環境感到陌生，如果做出一些成績，得到主管的表揚，就可以建立自己的信心。在這個方面，麥克斯・卡雷做得很好。

擔任企業資源開發公司總經理的麥克斯・卡雷，在一九八一年創立以亞特蘭大為中心的銷售和市場服務公司的時候，曾經面臨步履維艱的困窘。當時，他只有一個臨時員工。依照他的話說：「巨大的成功，距離我們太遙遠。我們幾乎無法感受到任何鼓勵。」他想出一個方法：獲得一個成功的時候，就要進行慶祝。

卡雷買來一個警報器，並且配上擴音器，這樣就可以發出救護車的聲音。如果他在電話中宣傳自己產品的時候可以繞過培訓部主管，直接與那家公司的總經理通話，就要鳴笛慶祝；如果收到一筆訂單，警笛也會鳴響。如今，他的公司已經擁有一百多萬美元的資產，以及十一個員工。每個星期，警笛聲會在公司裡迴盪十次。獲知好消息的時候，員工會出來聽自己的同事分享成功的經驗，也為員工提供互相交流的機會。卡雷說：「我們員工的經驗不夠豐富，無法取得巨大的成功，所以這種慶祝也是一種很大的鼓勵。」正是用這些進步來表揚鼓勵，使卡雷的公司取得驚人的成績。

永遠要記住：表揚員工的每個進步，不管這些進步有多麼微小。

讚揚五原則——這樣讚揚員工最有效

讚揚員工，不僅要符合讚揚的基本要求，而且需要管理者掌握具體的讚揚原則。只有讚揚運用得當，才可以產生事半功倍的效果。如果管理者讚揚不當，很有可能產生消極作用。

讚揚不是隨便說幾句好聽的話，就可以奏效。管理者必須遵守具體、真誠、及時、如實、適度的原則。

一、讚揚要具體

管理者的讚揚要言之有物，用事實說話。這個事實，不僅包括工作做出成績，也包括被讚揚者為克服各種困難而做出的努力和付出的心血。讚揚必須言之有物，說出被讚揚者做出的努力和付出的心血，才可以使被讚揚者感到讚揚者觀察細緻入微，進而激發被讚揚者的知音效應，產生「士為知己者死」的精神動力。

二、讚揚要真誠

管理者讚揚的時候，必須誠懇熱情，發自內心，不能面無表情，敷衍應付。人們有「喜真惡偽」的天性，只有真誠的東西，才會被人們接受，讚揚也不例外。管理者只有以真誠的態度去讚揚員工，才可以激發員工的熱情，愉快地接受讚揚。

三、讚揚要及時

員工取得成績或是提出建議的時候，管理者應該及時給予肯定。如果管理者對這些成績和建議視而不見，或是認為這是理所當然，沒有做出任何表示，員工的行為就不會持續下去，甚至會覺得自己的行為沒有得到認同，產生「做好做壞都一樣」的想法，導致消極因素的產生。

四、讚揚要如實

管理者的讚揚要實事求是，恰如其分，掌握讚揚用語的分寸。對那些確實值得讚揚的員工給予恰如其分的讚揚，才可以產生鼓勵員工前進的作用。

·彼·得·原·理·

五、讚揚要適度

管理者讚揚的人數要適當，讚揚的標準要適中。**首先，管理者讚揚的人數要適當。**讚揚的人數過少，容易使被讚揚者產生孤立感，使其他人產生「與我無關」的心理；讚揚的人數過多，被讚揚者也會產生「做好做壞都一樣」的想法，形成「你好我好大家好」的局面，進而失去激勵的作用。**其次，管理者讚揚的標準要適中，不能過高或過低。**讚揚的標準過高，容易使員工感到高不可攀，望而生畏，進而失去爭取讚揚的動力；讚揚的標準過低，容易使員工感到唾手可得，易如反掌，也會失去調動積極性的作用。

—第十一章—

木桶定律：讓所有「木板」維持最高度

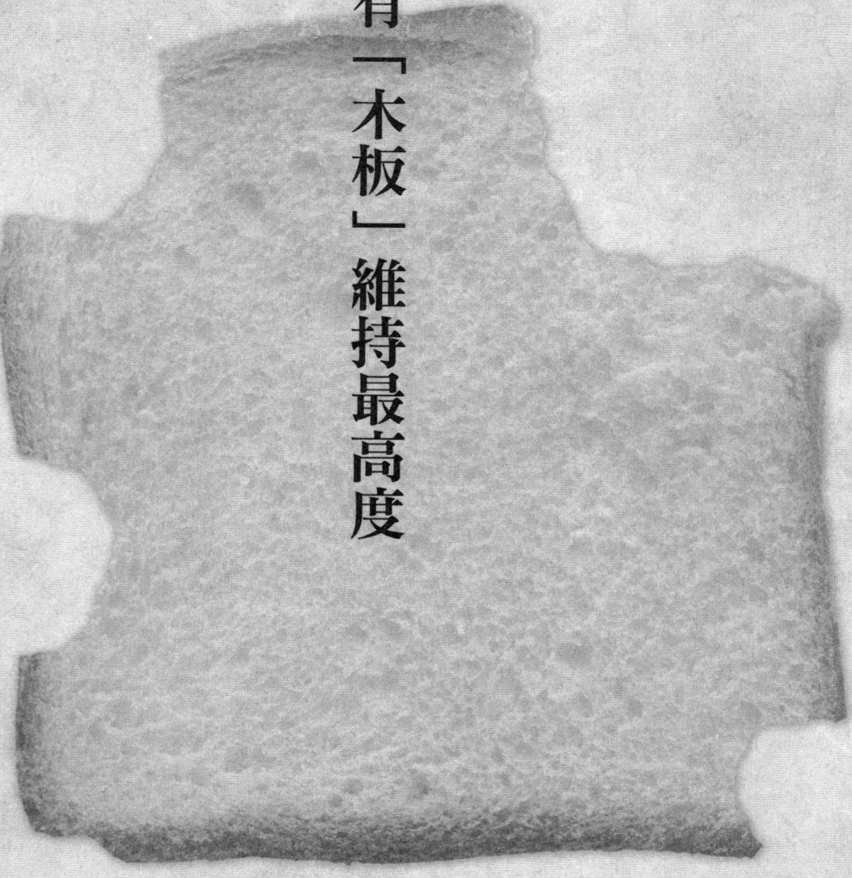

「木桶定律」是美國管理學家彼得提出的，其核心內容為：一個木桶盛水的多少，不是取決於桶壁上最高的那塊木塊，而是取決於桶壁上最短的那塊木塊。

「木桶定律」也稱為「短板效應」。個體的短板，是影響整體程度的關鍵因素。任何一個組織，都會面臨一個共同問題：構成組織的各個部分是優劣不齊的，劣勢部分會決定組織的程度。管理者要善於整合團隊資源，讓所有人維持在一個「足夠高」的相等高度，以充分發揮團隊的整體作用。

不要忽視「短木板」員工

在對於團隊建設的指導性作用上，「木桶定律」表現在：不僅要做到沒有明顯的短板，還要保證每塊木板結實牢固，各個環節接合緊密無隙，其中涉及到群體與團隊的概念。

對於一個企業來說，必須建立一個具有競爭力的團隊，而不是一盤各自為政的散沙。**也就是說，不僅要做到沒有明顯的短板，還要保證每塊木板結實牢固。**

在實際工作中，管理者重視對「優秀員工」的利用，忽視對「一般員工」的利用。如果企業將許多精力關注於「優秀員工」，進而忽略「一般員工」，就會打擊團隊士氣，進而使「優秀員工」的才能與團隊合作之間失去平衡。而且許多事實證明，「優秀員工」無法服從團隊的決定，他們覺得自己和其他人的起點不同，他們需要的是不斷提高標準，挑戰自己。雖然「優秀員工」的光芒很容易看見，但是「一般員工」也需要鼓勵。對「一般員工」的激勵，效果會勝過對「優秀員工」的激勵。

所以，在加強木桶盛水能力的過程中，不可以把「長木板」和「短木板」簡單地對立。每個人都有自己的長處，與其不分青紅皂白地批評他們，不如發揮他們的長處，把他們放在適合自己的位置上。

激勵有道，「短板」也可以變成「長板」

「木桶定律」作為一個具體比喻，應用的範圍越來越廣泛，不僅象徵一個企業、一個團隊、一個部門，也象徵一個員工。木桶的最大容量，象徵整體的實力。

一個組織，不是只依靠在某個方面超越別人就可以立於不敗之地，而是要觀察整體的狀況和實力；一個團體，是否具有強大的競爭力，取決於其是否可以完善薄弱環節。劣勢決定優勢，劣勢決定生死，這是市場競爭的殘酷法則。

在市場激烈的競爭中，作為一個管理者，領導一個團隊前進的時候，必須利用這個原理啟發自己的員工，希望他們不要成為最短的那塊木板。因為決定團隊戰鬥力的強弱，不是那個能力最強、表現最好的員工，而是那個能力最弱、表現最差的員工。因此，企業想要成為一個結實耐用的木桶，首先要提高所有木板的長度，對員工進行教育和培訓，讓所有木板維持最高度，並且有效地凝聚力量，充分發揮團隊精神，同心協力，發揮團隊的作用。只有這樣，才可以在競爭中取得勝利。

管理者不應該將眼光只投注在優秀員工身上，應該對一般員工多加關注，並且鼓勵和表揚他們。對一般員工給予鼓勵和表揚，可以提高他們的信心，激發他們的潛能，在工作中表現得更好，達到「短板」變成「長板」的效果。

「短木板」只要加以激勵，將其放在適合位置，就可以使「短木板」逐漸變長，進而提升企業的整體實力。

人力資源管理不能局限於個體的能力和程度，應該把所有人融合在團隊中，進行有效配置。木板的長短與否，有時候不是個人的問題，而是組織的問題。因此，管理者應該發掘「短木板」的長處，加以激勵，讓他們變成「長木板」，進而提升企業的整體實力。

重視人才組合，打造黃金搭檔

人之為人，就會有很多個性。管理者在用人過程中，應該注意員工的個性，安排適合的工作；此外，還要善於協調，搭配使用各種人才，讓他們相互之間取長補短，使企業成為一個不可分散的整體。

用人協調，要從以下兩點入手：一是注意年齡結構，二是注意健全制度。

以年齡結構而言，老年人深謀遠慮、經驗豐富，但是思想保守；中年人思想開闊、成熟老練，但是不具創新；青年人思想解放、敢想敢做，但是缺少經驗。如果可以將這些人合理搭配，就可以充分發揮他們的優勢，獲得理想的效果。

這裡說的合理搭配，不是要求平均主義。整體而言，比較合理的方式是：以中年人為主，兼用老年人的豐富經驗和青年人的創新精神。這種結構具有強大的抗壓性，也可以保持工作的穩定性。

以健全制度而言，「沒有規矩，不成方圓。」管理者在用人的時候，如果感情用事，即使是再高明的

·彼·得·原·理·

管理者，也無法完全解決衝突。制定一套健全的用人制度，才是實現協調用人和優化結構的保證。

管理者必須使企業保持一種科學而合理的結構，各種人才比例適當，相得益彰，實現相互補充，取長補短。

不求個人成績，只求整體優勢

每個管理者總是希望自己的員工都是精英。其實，這種完美的假設在現實中是不多見的。追求個人主義的嚴重後果是：員工無法密切配合，團隊戰鬥力薄弱。例如：比賽中獲勝的球隊並非因為某個明星的存在，而是在於團隊戰術的配合與協調。

對於企業而言，也是如此。企業不僅要聘用最好的員工，也要使自己的員工形成戰鬥力，具有整合的力量，這就是管理界宣導的團隊精神。

作為一個管理者，不要奢望自己的員工都是精英，只要讓自己的團隊打敗對手就可以。

每個人有優勢也有劣勢，如果彼此的優劣相互彌補，就可以取長補短，他們組成的團隊就是一個完美的組合。

英國學者貝爾賓被稱為「團隊角色理論之父」，他曾經提出「阿波羅症候群」現象：一個千挑萬選的

·彼·得·原·理·

優秀團隊，有些成員的精力浪費在無聊的內耗，或是對團隊目標沒有幫助的爭辯中，只是為了說服其他成員接受自己的觀點，或是攻擊別人論點中的漏洞，這個團隊的整體表現，反而比不上一個平凡的團隊。

一個優秀的團隊，其實是一些平凡的人做不平凡的事。一個由精英組成的團隊，有時候無法獲得成功，反而陷入個人主義的泥潭。團隊成員的優勢可以互補，就可以降低成本，也可以提升效率。

因此，團隊成員擁有一技之長，優勢可以互補，才可以形成合力，成就偉大的事業。

優勢互補，提升團隊戰鬥力

現代企業的團隊建設，與「木桶定律」有異曲同工之處：一個團隊的戰鬥力，取決於每個成員之間合作的緊密程度，也取決於團隊提供給成員的平台！

管理者在團隊整合與建設的過程中，必須進行三項工作：

團隊建設的重點之一——補「短板」

短板不僅指團隊中的人，也是指團隊缺少的核心能力。劣勢決定優勢，劣勢決定生死，這是市場競爭的殘酷法則。一個成功的管理者，必須讓團隊的能力均衡發展，如果某些環節過於薄弱，就會阻礙團隊的發展，必須及時補上，否則可能會造成嚴重的後果。

團隊建設的重點之二——團隊合作

首先，在工作過程中應該營造團隊氛圍，鼓勵和強化每個成員的團隊精神，教導成員關注團隊目標，努力完成團隊目標，防止個人主義思想蔓延。其次，進行團隊分工，把適合的人才放在適合的位置上。最後，強化團隊的向心力和控制力，充分發揮管理者的影響力，強化管理者的核心作用，使每個成員團結在管理者周圍，跟上團隊的步伐。

團隊建設的重點之三——打造優秀平台

沒有優秀的平台，團隊成員的才能就會被扼殺，團隊的戰鬥力也會蕩然無存。

首先，為團隊成員搭建發揮能力的舞台——授權。既然是團隊，不同的成員應該具備不同的能力，發揮不同的作用。作為團隊的管理者，即使能力再強，也不可能事必躬親。管理者如果不懂得授權，不僅自己會力不從心，團隊成員也會因為無用武之地而選擇離去。

其次，建立讓團隊成員施展才華的支援性系統。團隊是一個系統，團隊成員如果只有權力，但是缺乏其他部門的支持，也不一定可以取得勝利。例如：一個企業的業務部去攻打全國市場，必須要有市場部的資訊支援、物流部的到貨支持，以及高層主管指導市場和點撥思路。

最後，為團隊成員提供個人發展的平台。為團隊成員提供學習成長的空間，也就是說，一個人在優秀的企業是吸收知識方法，在普通的企業卻是輸出知識經驗，這也驗證為什麼優秀的團隊可以讓平凡的人成功的道理。

第十二章

鯰魚效應：用「鯰魚」啟動「沙丁魚」

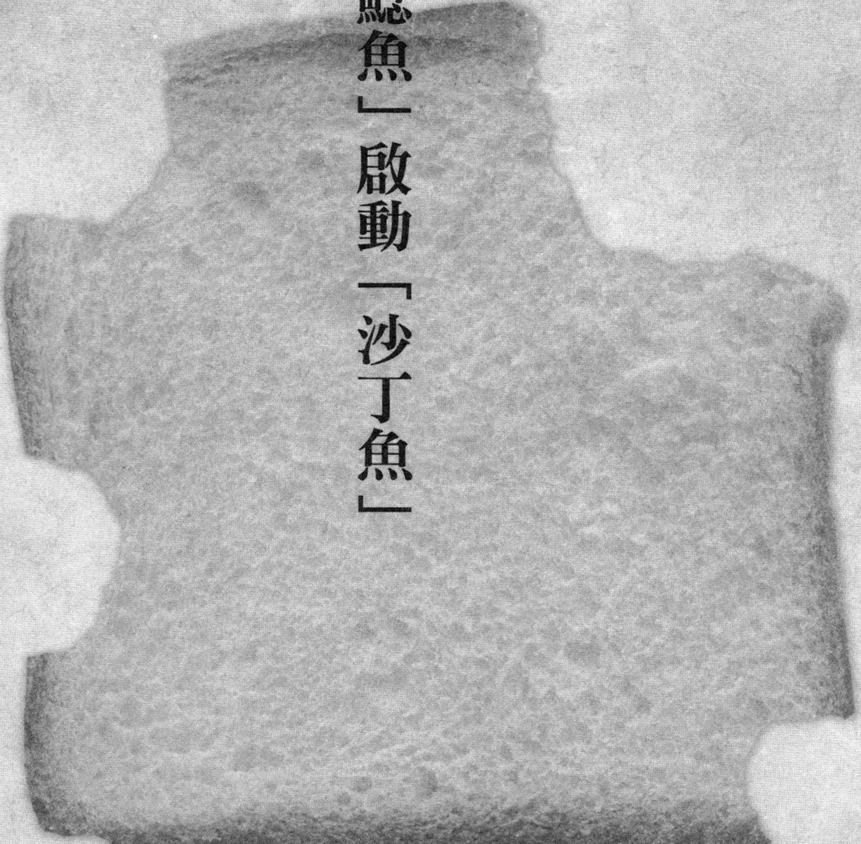

挪威人喜歡吃沙丁魚，沙丁魚只有活魚才會鮮嫩可口，但是沙丁魚不喜歡游動，捕上來不久就會死去。一個偶然的機會，一個漁民將一條鯰魚掉進裝沙丁魚的船艙，他回到岸邊打開船艙的時候，以前都會死去的沙丁魚竟然活蹦亂跳。漁民立刻發現，這是先前掉進去的鯰魚的功勞，沙丁魚想要躲過「被吃掉」的噩運，就要在船艙裡不停地游動，最終大多數的沙丁魚都可以活著回來。

這就是管理學上知名的「鯰魚效應」，用來比喻在企業中透過引進外來優秀人才，增加內部人才競爭程度，進而促進企業內部血液循環的良性發展。

引進鯰魚型人才，啟動一潭死水

活力來自於競爭，來自於壓力和挑戰。

一個人沒有競爭對手，就會固執己見、墨守成規，不學習和接受新知識和新事物，永遠不會進步；一個企業沒有競爭對手，就會因循守舊、故步自封，不走創新之路，不僅無法發展，還會被市場淘汰。

企業有壓力，存在競爭氣氛，員工才會有危機感，才可以激發進取心，企業才會有活力。在這個方面，日本的本田公司做得非常出色，值得我們借鑑。

本田宗一郎對歐美企業進行考察，發現許多企業的員工都是由三種類型組成：一是不可缺少的優秀人才，大約佔二成；二是以公司為家的員工，大約佔六成；三是終日東遊西蕩的蠢材，大約佔二成。自己公司的員工中，缺乏敬業精神的員工也許更多。如何使前兩種類型的員工增加，使第三種類型的員工減少？

如果完全淘汰第三種類型的員工，不僅會受到工會方面的壓力，也會使企業遭受損失。其實，這些人也可以完成工作，只是與公司的要求相距太遠，如果全部淘汰，這顯然是行不通的。

後來，本田宗一郎受到鯰魚故事的啟發，決定進行人事方面的改革。他先從業務部開始，因為業務部經理的觀念與公司的精神相距太遠，而且他的守舊思想已經嚴重影響員工，必須找一條「鯰魚」，打破業務部維持現狀的沉悶氣氛，否則公司的發展會受到嚴重影響。經過周密的計畫和努力，本田宗一郎終於把年僅三十五歲的武太郎找來。武太郎接任業務部經理以後，依靠自己豐富的市場行銷經驗，以及驚人的毅力和工作熱情，受到業務部員工的稱讚，員工的工作熱情被激發，活力大為增強。公司的銷售出現轉機，業績直線上升，在歐美市場的知名度不斷提高。

「鯰魚效應」對於漁民來說，在於激勵方法的應用。漁民以鯰魚作為激勵方法，促使沙丁魚不斷游動，以保證沙丁魚活著，以此獲得最大利益。在企業管理中，管理者要實現管理的目標，就要引進鯰魚型人才，以此改變企業一潭死水的狀況。

·彼·得·原·理·

優勝劣敗，讓員工動起來

老鷹是所有鳥類中最強壯的種族，根據動物學家進行的研究，可能與老鷹的餵食習慣有關。

老鷹一次生下幾隻小鷹，由於牠們的巢穴很高，所以獵捕回來的食物，一次只能餵食一隻小鷹。老鷹的餵食方式不是依照平等的原則，而是哪一隻小鷹搶得凶就給誰吃。在這種情況下，瘦弱的小鷹無法吃到食物都死了，最凶狠的小鷹存活下來，代代相傳，老鷹一族越來越強壯。

這是一個適者生存的故事，它告訴我們：「公平」不能成為組織中的公認原則，組織如果沒有適當的淘汰制度，就會因為小仁小義而耽誤進步，在競爭的環境中被自然淘汰。

競爭是企業生命的活力，沒有競爭，企業無法立足於現代社會。是否可以將競爭機制引進企業中，取決於管理者的智慧與魄力。

一位企業家談到自己的成功秘訣：「想要使員工超額完成工作，就要激發他們的競爭欲望和超越別人的欲望，這是一個永恆的真理。」

泛世通輪胎和橡膠公司的創辦人哈維・費爾斯通說：「我發現，只用薪水無法留住好員工。我認為，是工作本身的競爭……」

想要讓自己的員工充滿熱情，改變延誤怠惰的工作態度，就要精兵簡政，大刀闊斧地削減員工，淘汰沒有效率的員工。這種削減會使其他員工感到壓力，增強他們的危機意識，要讓他們知道：在這個世界上，沒有永遠的鐵飯碗。

生於憂患，死於安樂。作為一個員工，如果沒有面臨競爭壓力和生存壓力，就會產生惰性，不思進取，這樣的員工沒有前途，這樣的公司也沒有前途。

因此，管理者必須從上任那天開始，讓所有的員工知道，只有競爭才可以生存，並且對他們施加競爭壓力，讓他們深刻體會到適者生存、優勝劣敗的道理。

·彼·得·原·理·

防止惡性競爭，宣導良性競爭

釣過螃蟹的人或許都知道，簍子中放了一些螃蟹，不必蓋上蓋子，螃蟹也爬不出去，因為只要有一隻螃蟹想要往上爬，其他螃蟹就會攀附在牠的身上，結果是把牠拉下來，沒有一隻螃蟹可以爬出去。

在企業中，經常有一些員工，不喜歡看到別人有優異表現，每天想盡辦法破壞與打壓，如果不予以去除，久而久之，只會剩下一些互相牽制、沒有生產力的「螃蟹」。

管理者必須瞭解，員工之間一定會存在競爭，但是競爭分為良性競爭和惡性競爭，管理者的職責是：遏制員工之間的惡性競爭，積極引導員工的良性競爭。

有些員工會把對別人羨慕渴求的心理轉化為學習和工作的動力，透過與同事的競賽以消除能力的差距，這種行為引發的競爭就是良性競爭。

良性競爭對於組織有很多好處，可以促進員工之間形成相互競爭的工作氣氛。每個員工都在積極思考如何提升自己的能力，如何掌握新技能，如何取得更好的成績……這樣一來，員工的工作效率可以獲得提升，彼此之間也可以融洽相處。

但是有些員工會把對別人羨慕渴求的心理轉化為陰暗的嫉妒心理，總是思考如何誣衊自己的同事，如何讓同事無法完成更多的任務……他們的方法是：扯自己同事的後腿，以掩飾自己的無能。

這種行為會導致公司內部的惡性競爭，使所有的員工人心惶惶，相互之間戒心強烈，以防止被別人算計。這樣一來，員工把大部分精力和心思用在處理人際關係上，如潮湧來的投訴和抱怨也會對管理者造成影響，公司的業績就會下降。

管理者要經常關心員工的心理變化，在公司內部採取措施防止惡性競爭，積極引導良性競爭。

慎用「鯰魚」，不要讓「鯰魚」毀掉團隊

「鯰魚效應」一直為許多企業推崇，但是我們必須看到，這種引進外部力量刺激內部成員的做法也有一些弊端。

首先，從企業這個團隊來說，從外部引進的人才，其職位都不會太低，到了公司以後，就會被委以重任，負責某個方面的業務。

這些人才的到來，阻礙一些員工晉升的機會，進而扼殺他們的工作熱情。對於這些員工來說，他們奮鬥的目的就是為了晉升，為了更高的職位，為了更大的發展空間，這種目的完全是無可非議的。

如果他們發現自己失去發展的空間，就會選擇離開，或是消極對待。如此一來，企業的戰鬥力就會被削弱。

其次，從公司內部的團隊來說，既然是為了刺激團隊的活力，引進的人才在能力上就不會很弱，如果管理者無法妥善掌握，總是把目光放在他們身上，就會引起一些員工的不滿，要是這種不滿使員工變得更消極，引進「鯰魚」刺激團隊活力的結果就會適得其反。

最後，無論是大團隊還是小團隊，「鯰魚」的進入是否可以和原有成員形成優勢互補，是否具有合作觀念，都會影響團隊以後的戰鬥力發揮。如果引進的「鯰魚」個人主義的觀念濃厚，單打獨鬥的行為明顯，不僅無法產生「鯰魚效應」，還會徹底破壞團隊的戰鬥力。

因此，「鯰魚效應」可以提升團隊的戰鬥力，也可以破壞團隊的戰鬥力。是否要採取「鯰魚效應」來刺激團隊戰鬥力的爆發，管理者必須對實際情況進行具體分析和決策。

出現以上兩種問題的時候，最簡單的解決方法是取出「鯰魚」，但是很難做到。因此，可以採用以下幾個方法：

（一）緩行「鯰魚」提出的各項措施，尤其是針對員工的措施。

（二）「鯰魚」提出的良好措施，必須以公開方式向員工傳達，而不是透過消息散布。

（三）立刻找資深員工談話，告知引進「鯰魚」的真正目的和意義，穩定他們的情緒。

（四）提高資深員工的待遇，表示雖然引進「鯰魚」，公司還是非常重視他們。

（五）安排員工適時休假，舒緩壓力，減少心理負擔。
（六）當眾表揚資深員工，顯示對團隊成員的信任和認同。
（七）提拔資深員工，給他們委以重任，顯示對團隊成員的信心。
（八）組織「鯰魚」和「沙丁魚」進行團隊活動，增進工作之外的感情，減少反抗情緒。

—第十三章—

吉格勒定理：水無積無遼闊，人不養不成才

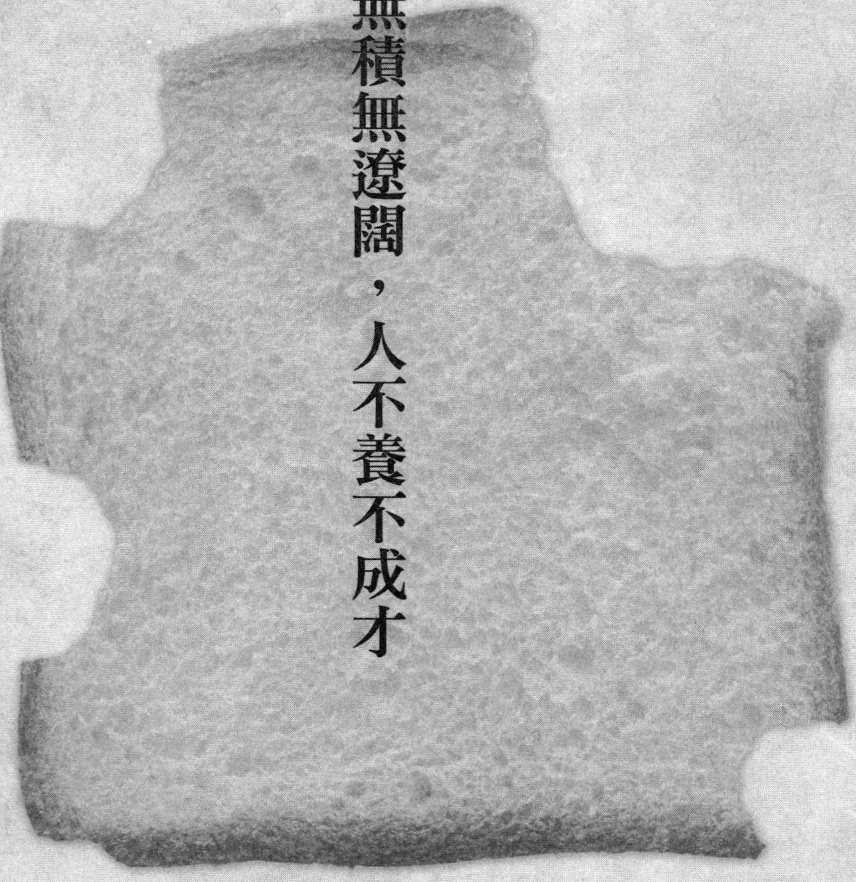

「吉格勒定理」是美國培訓專家吉格・吉格勒提出的，是指除了生命本身，沒有任何才能不需要後天的鍛鍊。

這個定律啟示管理者：水無積無遼闊，人不養不成才。透過培訓，可以使員工迅速適應工作，縮短適應期；可以提升員工的專業技能，使其快速成長。

授員工以魚，不如授員工以漁

有一句古話：「授人以魚，不如授人以漁。」用在管理上，提示管理者要滿足員工的物質需要，也要教導他們做事的方法，培訓是提升員工技能和促進員工成長的重要途徑。

很多管理者聽到培訓就會搖頭：「這麼奢侈的事情，還是讓那些有錢的企業去做吧！」其實，企業初期的培訓，一分錢都不用花，因為管理者自己就是培訓師。而且，上班的每一分鐘，和員工的每次交談，都可以視作一次培訓。只要管理者善於掌握，不用多久時間，就會發現自己變得很輕鬆，也有更多的時間考慮更重要的問題，例如：公司的發展計畫。

更重要的是：完成培訓以後，要讓受訓者複述一遍，並且指正其中的錯誤，直到受訓者可以清晰而完整地複述培訓內容為止。

首先是進行常識培訓。管理者必須告訴員工，在這個企業工作需要的常識。一些是企業內部的常識，例如：和工作相關的上下游工序的負責人，應該如何交接，如何完成一項工作……另一些是企業外部的常識，例如：顧客想要購買公司的產品，應該款到發貨還是貨到付款……可以把這類常識列出一份清單，思考如何處理這些情況，然後分別告訴負責這些工作的人就可以。只要堅持這樣做，並且隨時修正在工作中發現的問題，不用多久時間，企業就會擁有一套完整的工作職責和工作流程，管理者也會發現自己變得很輕鬆。

許多企業擁有完善的工作培訓，只是這樣多次的操作累積，沒有什麼複雜的。而且，管理風格會在這樣的簡單培訓中，潛移默化地影響每個員工，久而久之，就可以形成企業文化。

常識培訓非常重要，因為這種培訓可以幫助員工迅速進入企業要求的工作狀態。一個員工進入一家企業的時候，面對完全陌生的環境，可能無法發揮自己的實力。

其次是建立共同願景。「願景」這個詞語的意思是：目標的圖形化和具體化。例如：想要幸福的生活，用願景來解析可能是——有車子，有房子，有百萬的存款，孩子進入明星學校，成為職場精英……當然，還可以更具體一些，例如：車子的品牌，房子在哪裡，在哪家銀行存款，孩子讀哪所學校……目標越具體，越可以引發自己的成功欲望，越可以驅使自己奮鬥，這是成功學的重要一課。

技能培訓是持續不斷的工作，作為企業的管理者，可以把這件事情交給資深員工，並且為此支付額外

·彼·得·原·理·

的津貼。一定要記住：任何人額外的付出，應該得到額外的回報，免費的東西不可靠，但是要制定明確的標準，例如——達到的程度。

造人先於造物，用人不忘育人

「造人先於造物」是日本經營之神松下幸之助的人才觀念的直接反映。松下幸之助認為，企業是由人組成的，必須強調發揮人的作用。**松下幸之助指出：「公司要發揮全體員工的勤奮精神，必須使員工的生活和工作都是安全的。因此，『高效率、高薪水』是我們公司的理想，雖然無法立刻達到，但是要努力使其實現。」**

松下公司善於爭取眾人之心，巧妙地使員工對公司產生親切感，造成一種命運與共的氛圍，因此員工積極參加提供合理化建議的活動。松下公司的阿蘇津說：「即使我們不公開提倡，各類提案還是會源源而來。我們的員工隨時隨地——在家裡、在火車上，甚至在廁所裡——都在思考提案。」

由員工選出的委員會推動提案工作，使得這個工作在員工中號召力更大，提案率也更高。例如：松下公司的技術研究開發工廠有一千多個員工，提案總數高達七萬五千個，平均每個人有五十個提案。松下集

彼得原理

團有六萬個員工，提案超過六十六萬個，其中被採用的有六萬多個，大約佔總提案數的一〇%。

及時認真、全面公正地對員工提案做出評審，也可以激發員工的提案熱情。各個部門主管組織提案評審委員會主持評審工作，及時和認真是提案評審的基本要求。及時——在一個月以內評審並且公布結果，以取信於員工；認真——進行嚴格審慎的研究，拿出具體方案。被採用者，提出實施的時間，並且評定授獎等級；未被採用者，提案發還本人，說明未被採用的原因；如果被認為尚欠成熟但是有研究價值者，鼓勵其做進一步的研究。

松下幸之助總結四個育才方針：灌輸經營基本方針，提高專門業務能力，培養經營管理能力，擴大視野形成品格。企業應該培育什麼樣的人才？松下幸之助認為主要是十種人：不忘初衷而虛心好學之人，不墨守成規而有新觀念之人，熱愛公司並且與公司融為一體之人，不自私而可以為團體著想之人，可以做出正確價值判斷之人，有自主經營能力之人，隨時保持熱忱之人，可以得體地支持主管之人，可以自覺恪盡職守之人，有擔任公司經營者氣魄之人。

松下公司重視人才、科技研究、智力開發。有些人問：「松下公司最大的實力是什麼」，松下幸之助回答：「是經營力，也就是經營者的能力。」他指出：「掌握經營關鍵的人，是企業的無價之寶。」所以松下幸之助強調，製造產品以前先培養人才。**在這種觀念的指導下，松下幸之助提出育才七把鑰匙：一、充分瞭解培養人才的重要性；二、具有尊重人才的基本精神；三、明確教導經營理念和使命感；四、徹底**

教育員工，企業必須獲利；五、致力於改善工作條件和員工福利；六、讓員工擁有夢想；七、以正確觀念為基礎。

依據松下幸之助的育才理念以及人才培育規劃，松下公司培育許多傑出的管理人才。松下集團的分公司和工廠遍及全世界，松下幸之助的育才理念已經在世界各地生根、開花、結果。

職位不同，培訓亦有別

在一個公司內部，由於各類人員的工作性質和要求有其獨特性，因此對這些不同類別的人員的培訓安排也有其獨特性。

基層管理人員在公司中處於一個特殊的位置：要代表公司的利益，也要代表員工的利益，兩者之間經常容易發生衝突。如果他們沒有必要的工作技術，工作就會難以進行。大多數基層管理人員過去都是從事業務性和事務性工作，沒有管理經驗，因此他們成為管理人員之後，就要透過培訓以掌握管理技能，明確自己的職責，改變自己的觀念，適應新的工作環境，學習新的工作方法。

一般員工是公司的主體，直接執行生產任務，完成具體性工作。對一般員工的培訓，是依據工作說明書和工作規範的要求，明確權責界限，掌握必要的工作技能，以求可以有效地完成工作。

在管理人員訓練員工的過程中，可能會犯下什麼錯誤？

第一個錯誤是：相信這個工作簡單無比，只要示範一次，員工就可以很快掌握。如果這樣想，就是大錯特錯。那些看似輕而易舉的事情，對第一次嘗試的人來說，也許是非常困難的。有時候，即使是一個曾經做過這個工作的員工，也不如想像的那麼容易完成。

第二個錯誤是：給員工灌輸的東西太多，使他們無法消化。大多數人一次只能消化三個不同的工作步驟或指示，因此在繼續講述之前，必須確認員工是否已經完全瞭解。不要顯得緊張、焦急、不耐煩，這樣可以舒緩員工的緊張情緒。如果有人犯錯，不要說類似於「我已經示範應該怎麼做」的話，可以這樣說：「剛開始的時候，總是容易出錯，再做一次，就會比較熟練。」

不要忘記，學習是一件容易讓人疲倦的事情。所以，即使培訓者還沒有感到疲倦，也要考慮員工的狀態。培訓者應該在訓練的過程中，保證員工有足夠的休息時間。

切記：想要取得良好的培訓效果，必須區別對待不同層次和類型的人才。

體驗式培訓——讓員工跳出框架思考

別具一格的管理培訓課程，可以培養參與者的創造力，並且挑戰他們的忍耐極限。如果你覺得在水中游泳或是玩拼圖遊戲似乎是一種奇特的管理培訓方式，顯然你是少見多怪，至少表示你沒有參加過體驗式培訓。

體驗式培訓是由專門的培訓機構進行實施，「ＩＷＮＣ」公司就是其中最有名的一家。這家體驗式學習公司專門培訓員工「跳出框架思考」，目前在亞洲各地都有辦事處，其課程安排為期三天，並且在一些偏遠的地點舉行，例如：位於長城下的鄉村，或是風景如畫的香港大嶼山。這家公司不會在飯店會議室舉辦講座，也不會使用投影機，更沒有生動的電腦圖表。

「我們採取的是體驗式培訓，讓人們在培訓中展現其真實的行為。」公司總經理布朗說，「我們採取輔助技巧，協助參與者分析和討論他們在活動中的行為，並且帶回他們的工作場所中。許多參與者是工商管理碩士，而且是非常聰明的年輕人。但是他們缺乏交際技巧、主動性、創造性，這些是他們所受教育沒有提供的。」

每個培訓小組由管理階層和許多成員混合而成，這是一個優良組合。每個人的穿著很隨意，沒有人知道誰是主管。

另一個重要條件是：培訓地點應該遠離工作場所。對此，美國汽巴公司染料部經理西蒙斯深有感觸——他在六個月之內，讓包括自己在內的八十個員工參加「我不再抱怨」課程。他說：「沒有電話干擾，甚至沒有行動電話，簡直太妙了。」

一般情況下，「我不再抱怨」課程是企業培訓專案的重要部分。諾基亞公司在一年以內，分別舉辦四次「我不再抱怨」課程，對象是剛應徵的員工，要讓他們建立彼此的信任和承諾。

雖然這些管理技巧源自西方，但是這類培訓在很多國家和地區受到歡迎。此外，培訓練習活動中關於失敗的經歷比成功的經歷可以教給人們更多東西。

第六項修煉——打造全面品質學習型組織

強大而成功的企業，是建立在不斷提高品質的學習上。

企業不僅只是要學習，更要建立全面品質學習，才可以為持續的成功打下穩固的基礎。

全面品質學習的主要要素是什麼？

全面品質學習需要思維方式的改變。企業組織總是先制定一個長期目標，一般是由公司負責人提出並且確定，然後由管理階層擬定目標說明，進一步將這個目標具體化，部門主管隨後將這個目標傳達給員工。

這一切聽起來順理成章，事實上效果不好。因為，這個目標向下傳達的時候，會逐漸「退化」甚至「扭曲」，人們會忘記先前說過的一切，並且依然我行我素。

理想的方法是：先付諸行動。行動成功之後，人們的行為就會隨之改變，然後管理階層就可以坐下來，擬定展現遠景目標的說明書。

日本的「五S法」是引發行動的工具，五S是由五個日本詞語組合而成，翻譯過來就是：結構化、系

統化、淨化、標準化、自律化。舉例來說，如果想要把一個工廠或是部門提升到最高程度，可以透過「五S法」達到這個目標。「五S法」是行動導向的，而且需要組織中每個人努力。

大多數企業非常歡迎組織學習行動導向理論，但是有些人認為，行動導向理論在實踐方面會變得越來越遲緩。人們總是過分拘泥於日常工作，尤其在經濟不景氣的時候更嚴重，完全忽略學習，認為學習不是一件急迫的事情。但是，仍然有一些組織在不斷學習，而且是迅速學習。

如今，我們看到企業變革的節奏已經加快。這就表示，企業想要擺脫其他企業的競爭威脅，就要以更快的速度學習。如果無法意識到企業學習的必要性和急迫性，就會被時代淘汰。那些善於學習者，最後會成為競爭的勝利者。

作為一個管理者，在促進組織學習過程中，應該扮演重要角色。**最重要的任務是：以身作則**。在關鍵時刻或是面臨關鍵任務，必須樹立榜樣，展現堅定的意志。

如果企業需要不斷全面學習，管理者就要為員工做出表率，要讓每個員工都看到，自己的主管每天都在學習新的事物。如此一來，他們也會要求自己學習。現在，管理者的任務已經不是發號施令，而是展現學習的能力。無論環境如何，絕對不能畏懼，應該繼續學習。**記住「品質管理大師」戴明的忠告：「在組織中，絕對不應該存在恐懼。」**

想要使學習確實有效果，個人培訓與團隊學習就要互為補充，在同事之中共用經驗，可以促進企業內

·彼·得·原·理·

部成長。當然，這種情況只有組織具有一定架構的時候才會發生。學習過程的規劃是自上而下的，然後才是自下而上，讓每個員工參與進來。

—第十四章—

鯰魚效應：魅力影響，讓員工主動追隨你

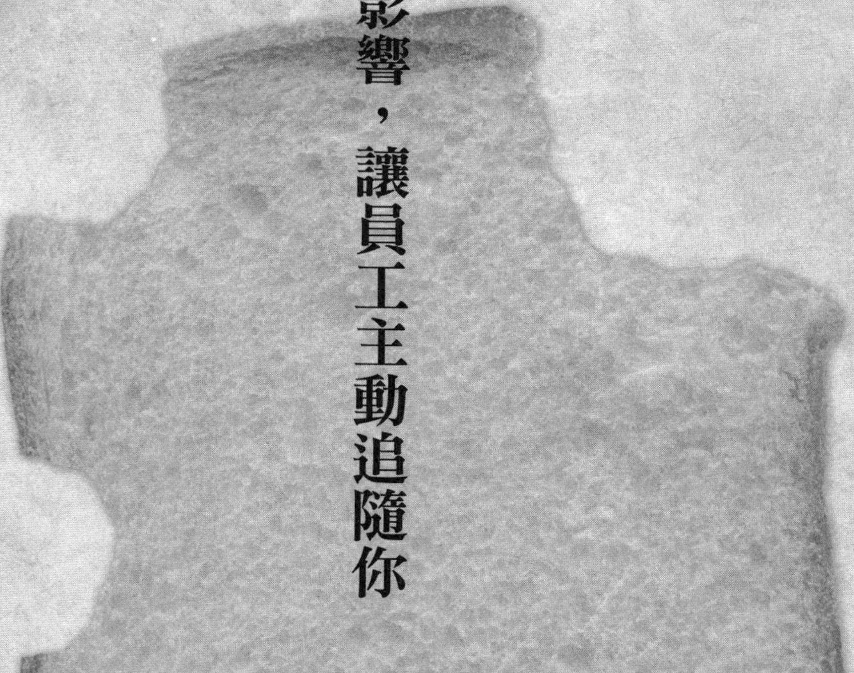

德國動物學家霍斯特發現一個有趣的現象：割除一隻強健的鯀魚腦後控制行為的部分以後，這隻魚就會失去自制力，行動也會發生紊亂，但是其他鯀魚還是像從前一樣盲目跟隨，這群鯀魚的行動就會發生紊亂，失去抵抗外侵的能力，人們稱之為「鯀魚效應」。

鯀魚的首領行動紊亂，導致整群鯀魚行動紊亂。同樣地，在一個企業或是組織中，如果管理者出現問題，企業或是組織也會不可避免地出現問題。管理者是一個企業的核心，必須為企業的發展承擔責任。

·彼·得·原·理·

身教示範，做員工最好的教練

美國行政管理學家切克·威爾遜提出：如果員工得知有一位主管在場負責解決問題的時候，就會因此信心倍增。

日本戰敗以後，松下公司在經營上面臨困境。為了度過危機，松下幸之助要求全體員工振作精神，不遲到，不請假。

然而有一天，松下幸之助卻遲到十分鐘，原因是他的司機疏忽大意，晚接了他十分鐘。

松下幸之助以不忠於職守為理由，給司機減薪處分，其直接主管和間接主管，也因為監督不力受到處分，總共處分八個人。

松下幸之助認為，要為這件事情負最後責任的人，是作為最高管理者的社長——他自己。於是，他對自己實行最重的處罰，扣發一個月的薪水。

只遲到十分鐘，就處罰這麼多人，甚至包括企業的最高管理者。這件事情深刻教育松下公司的員工，也在日本企業界引起震撼。

從這個故事中，我們可以看出：**在企業管理中，身教可以產生導向和示範作用，還有凝聚人心、化解衝突、鼓舞士氣、催人奮進的特殊功能**。管理人員的職位越高，身教影響力的涉及面越寬，才可以引起見賢思齊的思想共鳴。而且，從某些管理者身上，可以看到一個企業的前途與希望。

只有不勝任的管理者，沒有不勝任的員工。管理者必須隨時記住：在規定和制度面前，自己和員工是平等的。只有管理者以身作則，遵守公司規章制度，員工才會信服和尊重，進而遵守公司制度，做好自己的工作。

說得再多，不如以身示範

前日本經濟團體聯合會會長土光敏夫是一位地位崇高、受人尊敬的企業家。一九六五年，土光敏夫出任東芝公司社長。當時的東芝公司人才濟濟，但是由於組織龐大、層級過多、管理不善、員工懶散，導致公司效率低落。

土光敏夫接掌之後，立刻提出「一般員工要比以前多用三倍的頭腦，董事要十倍，我自己有過之而無不及」的口號，以重建東芝公司。他的口頭禪是：「以身作則，最有說服力。」他每天提早半個小時上班，並且空出上午七點半至八點半的一個小時，歡迎員工與他一起動腦，共同討論公司的問題。土光敏夫為了杜絕浪費，藉由一次參觀的機會，給東芝公司的董事上了一課。

有一天，一位董事想要參觀一艘名叫「出光丸」的巨型油輪。由於土光敏夫已經看過九次，所以事先說好由他帶路。那一天是假日，他們相約在「櫻木町」車站的門口會合。土光敏夫準時到達，董事搭乘公司專車隨後趕到。

董事說：「社長先生，抱歉讓你久等了，我們搭乘你的車前往參觀吧！」他以為土光敏夫也是搭乘公司專車而來。土光敏夫面無表情地說：「我沒有搭乘公司專車，我們去搭電車吧！」董事當場愣住了，羞愧得無地自容。原來，土光敏夫為了杜絕浪費，以身示範搭電車，給那位董事上了一課。

這件事情立刻傳遍公司，每個員工心生警惕，不敢再隨意浪費公司的物品。由於土光敏夫以身作則的努力，東芝公司的情況逐漸好轉。

作為一個管理者，要比員工付出更多的努力和心血，以身示範，激勵士氣。言教不如身教，說得再多，不如以身示範，以身立教，以行導行，用自己的習慣去引導員工，比單純的說教更有效。管理者的工作習慣和自身修養，對員工有十分重要的影響。如果管理者滿腔熱情，對工作認真負責，在管理的過程中就會事半功倍。

彼得原理

依靠品格魅力，聚攏和統御人心

一位知名企業家說：「在現實世界中，眾所皆知的一流管理者，都有一種罕見的品格特質，展現魅力領袖的風範。他們可以激發員工的工作意願，也有高超的溝通能力，可以動之以情，曉之以理，散發熱情洋溢的力量，更重要的是：他們帶領團隊創造佳績，擁有許多傲人的輝煌成就。運用獎勵和懲罰來領導也許有效，但是如果想要提升自己的領導魅力，贏得眾人的尊重和喜愛，就要盡最大的努力以影響和爭取員工的心。誰可以做到這一點，誰就可以成為一個成功的管理者，也可以完成許多不可能完成的任務。」

員工為什麼會努力工作？很重要的原因是：他們的主管擁有個人魅力，像磁鐵般征服他們的心，激勵他們勇往直前。你可能會聽到某些員工說：「和他在一起待上一分鐘，就可以感受到他散發出來的力量。我那麼努力工作，就是因為他強大的魅力吸引我。」

從領導效能的觀點來看，我們必須承認一個事實：魅力勝過權力。優秀的領導才能，尤其是個人的魅力，比其職位的高低和提供的薪資更重要，魅力才是促使他們發揮最大潛力進而實現任何計畫和目標的魔杖。

多少年來，關於領導統御的書籍和研究數以萬計，討論的主題涉及組織領導、管理者行為、權力領導，數量眾多，內容廣泛。這些重要的主題，包含許多很好的構想。事實上，只有一句話：與其做一個實權在手的管理者，不如做一個散發魅力的管理者。也就是說，管理者需要令人佩服的魅力，而不是令人生畏的權力。

作為一個管理者，除非擁有相當程度的魅力，否則無法實現領導統御的重要課題：贏得員工的信任和忠誠。因此，是否擁有這種魅力，是一個管理者是否可以成功的關鍵。

加強自身修養，成為員工的表率

管理者應該以身作則，用自己優秀的一面影響員工，成為員工的表率。

有一個宰相的妻子非常重視兒子的前途，每天不辭勞苦地勸告兒子要努力讀書，要有禮貌，要講信用，要忠於國家。宰相卻是早上離開家裡去上朝，晚上回來只知道看書。

愛兒心切的妻子忍不住說：「你雖然只顧著自己的工作和書本，但是也要教育自己的兒子啊！」宰相眼不離書地說：「我隨時都在教育兒子啊！」

這個故事說明：宰相認為的教育，就是以身示範，透過自己的行為去影響兒子。對於一些管理者來說，員工是否努力工作，不僅會影響自己的業績，也會影響自己的前途。所以，為了自己的前途著想，應該隨時注意以身示範。

孔子說：「子帥以正，孰敢不正？」傅玄說：「立德之本，莫尚乎正心。心正而後身正，身正而後左右正，左右正而後朝廷正，朝廷正而後國家正，國家正而後天下正。」

曹操在軍中可以享有崇高的聲望，許多將士願意為他賣命，對他唯命是從，很大程度上是因為他可以從自己做起，以此使將士心服口服。

作為一個管理者，必須加強自身修養。端正自心，就可以端正自身；端正自身，就可以端正別人。

有一副對聯是這樣寫的：「博學為師，身正為範。」透徹地講述教育的所有含義。

員工經常會模仿管理者的工作習慣和自身修養，無論其工作習慣和自身修養是好還是壞。很多管理者要求員工努力工作，自己卻遲到早退，甚至在工作時間處理私事，他們的員工大概也會如法炮製。

以權服人，不如以德服人

品格是一種具有價值的力量，管理者應該依靠其品格產生的聲望（地位和權力難以產生品格魅力），潛移默化地影響自己的員工。

漢代名將李廣，不僅是一位驍勇善戰、百發百中的神射手，也是一位體貼士卒、廉潔奉公的將軍。他歷任七郡太守，前後四十餘年，每次得到朝廷的賞賜，就會立刻分賞給部下，與士卒一起吃喝。他的家裡沒有多餘的財物，也始終不問家產的事情。

他帶兵打仗，長途跋涉而口乾舌燥之時，遇到水源，總是先讓士卒喝。如果全部士卒沒有喝夠，他絕對不喝水；如果全部士卒沒有吃飽，他絕對不進食。他對待部下和藹寬厚，不會任意苛求，所以部下非常愛戴他，願意被他任用。

中國人重視「以德服人」，而不是「以權服人」，要求管理者以高尚寬厚的品格感化員工，使其心甘情願地服從自己。這個管理思想是建立在管理者的道德感化基礎之上，管理者的品格越高尚，對員工的影響力越大。

彼得・杜拉克主張：「品格是發揮領導力的手段。」品格具有精神、意志、感情的性質，想要使員工團結在一起，就要「重視品格的感化力，以德才可以服人，而不是以權服人」。只有這樣，員工才會信任和佩服管理者，企業內部才會出現「桃李不言，下自成蹊」的局面。

一位心理學家曾經說：「每個人都有一方魅力的沃土，等待自己去開墾。」加強自身的道德修養，培養自己的領導魅力，以仁德征服人心，以正直換取信任，以誠實贏得尊重，以無私獲取追隨，是每個管理者提高內在道德素質以及樹立良好外在形象的必修課。

一第十五章一

南風法則：人性化是管理的最高境界

「南風法則」也稱為「溫暖法則」，來自於法國作家拉封丹寫的一個寓言。北風和南風比威力，看誰可以把行人身上的大衣脫掉。北風拼命地吹，行人為了抵禦北風的侵襲，反而把大衣裹得更緊。南風徐徐吹動，頓時風和日麗，行人因為覺得溫暖上身，開始解開鈕釦，最後脫掉大衣，南風獲得勝利。

「南風法則」告訴我們：溫暖勝於嚴寒。運用在管理過程中，「南風法則」要求管理者尊重和關心員工，隨時以員工為本，多一些人情味，進而使員工丟掉包袱，激發他們的工作動機。

溫暖勝於嚴寒，管理要有人情味

在使用「南風法則」上，日本企業的做法引人關注。在日本，幾乎所有公司都重視感情投入，給予員工情感撫慰。在《日本工業的秘密》一書中，作者總結日本企業高經濟效益原因的時候指出，日本的企業就像是一個家庭，是一個娛樂場所，這也是日本企業追求的境界。日本著名企業家島川三部曾經自豪地說：「我經營管理的最大本領，就是把工作家庭化和娛樂化。」**索尼公司董事長盛田昭夫也說：「一個日本公司最主要的使命，是培養它與員工之間的關係，在公司創造一種家庭式情感——管理者和所有員工同甘苦共命運的情感。」**日本企業的管理制度非常嚴格，但是日本企業家深諳剛柔相濟的道理。他們在嚴格執行管理制度的同時，也會尊重員工、善待員工、關心員工的生活。例如：記住員工的生日，關心他們的婚喪嫁娶，促進他們成長和品格完善。這種關心不僅針對員工本人，有時候還會惠及員工的家人，使他們感受到企業的溫暖。此外，日本企業普遍實行福利制度，讓員工享受許多福利和服務，使其感受到企業給予他們的溫暖和照顧。在日本員工看來，企業不僅是依靠勞動領取薪水的場所，也是滿足自己各種需要的家庭。企業和員工組合而成的不僅是利益共同體，也是情感共同體。正是透過這種方式，日本公司的員工保持對公司的高度忠誠。

在許多日本公司中，松下公司的做法具有代表性。

與其他日本公司一樣，松下公司尊重員工，考慮員工利益，給予員工工作的歡樂和精神上的安全感，與員工同甘共苦。一九三〇年初期，世界經濟不景氣，日本經濟混亂，大多數公司進行裁員，降低薪水，民眾失業嚴重，生活沒有保障。松下公司也受到傷害，銷售業績減少，商品堆積如山，資金周轉不靈。這個時候，有些管理人員認為要裁員，縮小業務規模。因病在家休養的松下幸之助沒有這樣做，而是毅然決定採取與其他公司完全不同的做法：不裁員，生產實行半日制，薪水按照全天支付。

與此同時，他要求全體員工利用閒暇時間去推銷庫存商品。這個做法獲得全體員工的支持，所有人千方百計地推銷商品，不到三個月的時間，就把商品推銷一空，使公司順利度過危機。在松下公司的歷史上，曾經面臨幾次危機，但是松下幸之助依然堅持不忘民眾的經營理念，使公司的凝聚力和抵禦困難的能力增強，在全體員工的共同努力下安全度過危機，松下幸之助也贏得員工們的稱讚。

松下公司以員工為企業之本的做法，在獲得員工們全力支持的同時，也為公司塑造一個無堅不摧的團隊。

·彼·得·原·理·

在企業管理中，多一些人情味，少一些銅臭味，可以增加員工對企業的認同感和忠誠度。只有真正俘獲員工的心，員工才會努力為企業工作。擁有這些，企業在競爭中就可以無往而不勝。

以柔克剛，心平氣和與員工溝通

與別人發生衝突的時候，如果互不相讓，最後只會兩敗俱傷。為什麼不向南風學習？遇到問題的時候，心平氣和地進行溝通。

一個成功的管理者，可以把員工變成和自己一樣優秀，而不是以強勢把員工變成讓自己使喚的奴才。

美國總統林肯勇於負責，意志堅強，同時心胸寬廣，可以包容別人的錯誤，使人們非常感動。

有一次，有人告訴他，他的國防部長愛德溫・史坦頓罵他是一個該死的傻瓜。

林肯聽了以後，輕描淡寫地說：「如果史坦頓說我是一個該死的傻瓜，我很可能是的，因為他做事認真，他說的十之八九是正確的。」

史坦頓得知以後非常感動，立刻到林肯面前表示崇高的敬意。

·彼·得·原·理·

在企業管理中，這一招也是非常有用的。作為一個管理者，遇到員工產生抱怨的時候，應該怎麼辦？其實，以柔克剛是一個很好的方法，妥善地運用，可以收到意想不到的效果。

恩威並重，講原則也要講感情

賽勒斯・梅考克是美國國際農機商用公司的老闆，他是一個堅持原則的人，如果有人違反公司的規定，一定會立刻處罰。但是，這不表示他不講人情，相反地，他非常體貼員工的辛勞，可以設身處地為員工著想。

有一次，一個資深員工違反公司的規定，酗酒鬧事，遲到早退，而且和主管吵架。在公司的規定中，這是無法容忍的事情，誰違反這個規定，就會被開除。主管呈上這個員工鬧事的報告以後，梅考克遲疑一下，但是仍然寫下「立刻開除」四個字。

梅考克與這個員工認識很久，本來想要下班以後去他的家裡瞭解情況。不料，這個員工收到公司開除的命令以後，立刻火冒三丈。他找到梅考克，生氣地說：「公司債務累累的時候，我與你患難與共，三個月不拿薪水也沒有怨言，如今犯錯以後就把我開除，真是不留情分。」

·彼·得·原·理·

聽完他的抱怨，梅考克平靜地說：「你是資深員工，應該知道公司的規定……這不是我們之間的事情，我只能秉公處理，不能有任何例外。」

梅考克詢問他鬧事的原因。原來，他的妻子最近去世了，留下兩個孩子，一個孩子跌斷一條腿，住進醫院；一個孩子因為沒有食物吃而餓得發抖。他在極度的痛苦中借酒澆愁，結果耽誤上班時間。

瞭解事情真相以後，梅考克對他說：「現在，你什麼都不用想，立刻回家，處理妻子的事情和照顧孩子。你不是把我當作自己的朋友嗎？所以你放心，我不會讓你走上絕路。」說著，梅考克掏出一疊鈔票，塞到他的手裡。

梅考克的慷慨解囊，讓他非常感動。梅考克對他說：「回去照顧孩子吧，不必擔心你的工作。」

聽了梅考克的話，他轉悲為喜地說：「你會撤銷開除我的命令嗎？」

「你希望我這樣做嗎？」梅考克親切地問。

「不，我不希望你為我破壞公司的規定。」

「對，這才是我的好朋友，你放心地回去吧，我會做出適當的安排。」

梅考克在繼續執行開除的命令以維持公司紀律的同時，將這個員工安排到自己的牧場擔任管家。梅考克這樣做，不僅解決這個員工的問題，使他的生活有保障，更重要的是：贏得所有員工的信任。所有的員工認為，梅考克這個關心員工的老闆，值得自己為他賣命。從此以後，他們為國際農機商用公司的強盛同舟共濟，創造許多輝煌的成就。

作為一個管理者，想要使員工心悅誠服，就要做到恩威並重、剛柔相濟。

透過「恩威並重、剛柔相濟」的方式，不僅可以讓管理的紀律得到保證，也可以讓員工對企業保持忠誠。

愛你的員工，他會百倍地愛公司

《孫子兵法》記載：「視卒如嬰兒，故可與之赴深谿；視卒如愛子，故可與之俱死。」孫子認為，只有對士卒施以仁德，才可以「惠撫惻隱，得人心也」。如果對士卒缺少愛心，無法與他們同甘共苦，就無法附眾撫士，無法做到「上下同欲者勝」。

魏將吳起以愛惜士卒、與士卒共患難而聞名。在征討秦國的途中，他與士卒同吃同住，背著糧袋，徒步行走，深受士卒愛戴。有一個士兵背上長毒瘡，吳起為他吸出毒汁。吳起可以「視卒如嬰兒」「視卒如愛子」，所以士卒願意為之拼死作戰，連戰連捷，所向無敵。

關愛是一種非常有效的管理方式，管理界有一句名言：「如果不懂愛，就不懂管理。」任何優秀的團隊，都是透過情感的聯繫而變得牢不可破。美國金融服務公司首席董事溫巴赫說：「愛護你的員工，把你的心拿出來給他們看，要心心相印。作為一個管理者，不能命令員工，要讓他們主動願意為你做事。」

依靠制度約束、紀律監督、獎懲規則等方式對員工進行管理，無法真正實現有效管理。少用權力，多用愛心，就可以贏得員工的忠誠。法國企業界有一句名言：「愛你的員工，他會百倍地愛公司。」這個管理學的新概念，已經越來越深入人心。

美國的凱姆朗公司是一家很小的公司，它的業務只是為住宅的草坪施肥和噴藥，但是它的經營理念和管理方式非常特別，吸引許多學者去研究它。很多人對它的經營理念和管理方式推崇備至，認為它是唯一真正以「愛的精神」經營企業的公司。所謂「愛的精神」，就是對顧客盡心盡力，對員工倍加關愛。在一般的企業中，管理者只注意某個方面，忽略另一個方面。但是在凱姆朗公司，這兩個方面都得到完美實施。正是這種「不合常規」、強調「愛的精神」的經營理念和管理方式，使公司的發展取得意想不到的效果。凱姆朗公司開業的時候，只有五個員工和兩輛汽車，二十年以後，竟然擁有五千個員工，營業額高達三億美元。

凱姆朗公司的發展，歸功於公司的創辦人杜克，正是他創造「不合常規」、以「愛的精神」經營企業的方法，並且一直堅持它，使公司取得突破性進展。

杜克的父親傳給公司的理念是：「員工第一，顧客第二，只要堅持這樣做，就可以獲得成功。」杜克非常認同這個理念，並且在自己的工作中實踐它。他經常和員工們在一起，和他們聊天，解決他們的問

·彼·得·原·理·

題，也讓他們參與決策和管理。員工們非常尊敬杜克，而且把公司當作自己的「家」，全心全意地為公司工作。

關心員工，員工才會關心你。「愛的精神」就是關心員工，關心顧客，用自己的愛心去感化員工，員工就會對你刮目相看，把你推上成功之路。杜克體會到這種「愛」的力量，得到的回報是巨大的成功。

一第十六章一

托利得定理：廣開言路，集合眾智無往不利

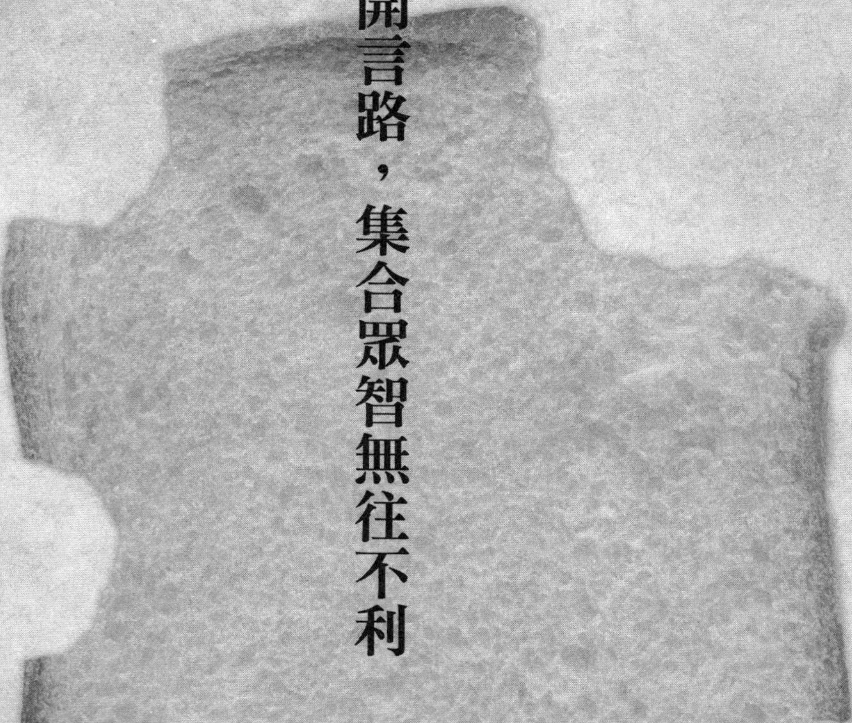

法國社會心理學家托利得指出：測驗一個人的智力是否屬於上乘，只要看他是否可以同時容納兩種相反的思想而無礙於其處世行事。兩種相反的思想共存，表示可以接納不同意見，可以把反對意見加以分析，進而對決策產生積極影響，這就是管理學中的「托利得定理」。

「托利得定理」啟示我們：思可相反，得須相成。管理者要多聽取員工的意見，徵求各方建議，以此提升自己的決策和管理能力。

兼聽則明偏信則暗，多聽取民意

唐太宗問魏徵：「我作為一國之君，怎樣才可以明辨是非，不受欺騙？」魏徵回答：「作為國君，只聽一面之詞就會糊塗，甚至做出錯誤的判斷。只有廣泛聽取意見，採用正確的主張，才可以不受欺騙。」

成語「兼聽則明，偏信則暗」就是從魏徵勸告唐太宗的話演變而來。兼聽則明，偏信則暗。只有聽取多方面的意見，才可以明辨是非；如果只聽信單方面的話，就會混淆是非。

作為一個管理者，應該多聽取員工的意見，並且在這個基礎上認真分析，找出事情的真相。

明朝初年，朱元璋以重典治國。由於法制不健全，許多官吏被捕入獄，但是經其所治百姓為之申辯和請求，朱元璋因此赦免他們，有些官員因為知其賢能惠政而得以擢升。

有一次，永州知縣余亭城等人因事被捕，其所治百姓上京申辯，列舉他們的善政，朱元璋立刻予以改正，賜襲衣寶鈔放回。他們復任以後，工作努力，政績顯著。

從這件事情中，我們可以知道：官吏的好壞，其治所的百姓最明白。管理者如果多聽取員工的意見，就可以鑑別員工的好壞，官場如此，企業也是如此。

現在盛行的民意調查，是考察個人和管理情況的最佳方法。管理者可以借助這種方式，多聽取員工的意見，徵求各方建議，以此提升自己的決策和管理能力。

·彼·得·原·理·

作風民主，接納不同的意見

一位主管帶領十個員工，搭乘一艘小船，到某個小島遊玩。歸途中，主管提出暫不回航，到另一個小島遊玩。

有一個員工說：「那個小島周圍暗礁很多，流急浪大，非常危險，還是不要去吧！」主管聽了以後，厲聲地說：「不要說不吉利的話！風平浪靜有什麼危險？同意去的人站在左邊，不同意去的人站在右邊。」

很多人察言觀色，都向左邊走去。右邊只剩下一個人，小船由於重心偏移，翻了過來。

管理者獨斷專行，說真話的人受到排擠和孤立，誰還願意說真話？想要聽到真話，就要以開放的態度，容納別人的想法，做到言者無罪、聞者足戒、暢所欲言、各抒己見。

作為一個管理者，應該瞭解一個事實：提出意見的人，並非對自己有成見。老子說：「信言不美，美言不信。」真話未必好聽，好話未必真實。有些意見可能不客觀，甚至可能不正確，管理者要有氣度和雅量，實事求是地說明情況，不能因為與自己意見不同而排斥。這樣一來，才可以顯示自己提倡、讚賞、鼓勵、支持說真話的態度。

只要管理者以誠相待，平易近人，就可以用自己的真情換來員工的真心。

·彼·得·原·理·

要有從善如流、勇於納諫的胸懷

三國時期的袁紹，因為無法容忍反對意見，最終以百萬之師敗給曹操七萬大軍。袁紹兵多謀眾糧足，宜緩慢戰鬥；曹操兵強將勇糧少，宜速戰速決。袁紹起兵應戰，田豐極力反對，被關入囚牢。袁紹戰敗，大傷元氣，後悔「吾不聽田豐之言，兵敗將亡。現在回去，有何臉面見他？」逢紀趁機進讒言，袁紹惱羞成怒，決定殺掉田豐。

田豐在獄中，獄吏對他說：「袁紹大敗而回，你又會被重用啊！」田豐悵然地說：「我死定了！袁紹外寬內忌，不念忠誠。若勝而喜，還可以赦免我；戰敗則羞，我沒有希望活了。」果然，使者奉命殺死田豐，最終田豐伏劍而死。

曹操面對不同意見的時候，採取的卻是與袁紹完全相反的態度。曹操初定河北以後，與眾將商議西擊烏桓，曹洪等人極力反對。曹操聽從郭嘉之言，費盡心力打敗烏桓。回到易州，曹操重賞先曾諫者，並且對眾將說：「我乘危遠征，僥倖成功。雖然得勝，上天保佑，不可以為法。諸君之諫，乃萬安之策，是以相賞，以後不要害怕提出意見！」

田豐的意見是正確的，袁紹卻把他殺了，怎麼可能逃脫慘遭失敗、受人恥笑的結局？袁紹四世三公，根基深厚，曹操也深為嘆惜：「河北義士，何其如此之多也！可惜袁氏不能用，若能用，則吾安敢正眼覷此地哉？」

曹操從善如流，不閉目塞聽，即使反對意見是錯誤的，仍然加以賞賜。因為反對的人有反對的理由，其中必有可取之處。如果僥倖成功，取笑或是懲罰提出反對意見的人，只會讓其他人變得唯唯諾諾。

一個成功的管理者，必須要有聽真話的誠意和行動。

·彼·得·原·理·

鼓勵員工建言獻策，視員工意見為財富

柯達公司曾經發生一件事情：一個員工寫了一封信給董事長喬治·伊士曼，內容簡單得令人驚訝，只是呼籲生產部門「把玻璃擦乾淨」。雖然不足為道，伊士曼卻認為這是員工積極性的表現，立刻公開表揚，同時發放獎金，並且由此建立「柯達建議制度」。

柯達公司對員工提出的建議進行認真審查，會經過以下的程序：員工提出建議以後，由各個部門的委員根據建議的獨創性、思考程度、適應性、效果等內容進行評定和選拔，分為特別、優秀、優良、A、B、C、建議七個級別——最後兩級建議的提出者，由部門委員會予以表揚；B級以上的建議，提交工廠委員會，再次進行評定和選拔，並且對B級和A級建議的提出者給予表揚；特別、優秀、優良的建議，提交改進工作委員會審查以後進行表揚。

迄今，柯達公司的員工已經提出兩百多萬個建議，大約有六十餘萬個被公司採用。員工因為提出建議

而得到的獎金，每年總計在一百五十萬美元以上，柯達公司從中受益超過千萬美元。

企業最大的財富，就是員工的聰明才智。管理者應該鼓勵員工提出改進工作的建議，必須使他們知道，他們的建議會得到認真的研究，並且也要這樣做。如果可以像柯達公司那樣，在企業中建立良好的建議制度，就可以促進全體員工同心協力，對自己的工作產生興趣，並且改進自己的工作，這是激發員工聰明才智的有效手段。

廣開各方言路，與員工達成共識

IBM公司的創辦人湯瑪斯・華生被譽為「企業管理天才」，他相信：只要尊重員工，並且幫助他們尊重自己，公司就會賺錢。

他善於發掘員工的潛力，激發員工的創造精神與奉獻精神，使員工為公司出謀劃策。為了保持員工的工作熱情，增強員工對公司的親近與信任，他廣開言路，傾聽各種意見。

IBM公司規定：所有員工覺得自己受到壓制或是打擊的時候，可以向董事長報告，他會親自接見這些員工，對有理者給予支持。他鼓勵員工不要害怕失敗和風險，勇敢承擔似乎不可能完成的任務。他一天工作十六個小時，幾乎每天晚上都在員工俱樂部出席各種活動和慶祝儀式。作為員工相識已久的摯友，他與員工們聊得非常愉快。

對於一個成功的管理者來說，設定目標之後，就要與員工分享，並且逐步達成共識。

柯達公司進入影印機市場以後，把重心放在複雜技術與高級設備上，成本居高不下，幾乎沒有利潤，而且庫存問題非常嚴重。一九八四年，查克臨危受命，擔任影印產品事業部總經理。

他希望加強與員工的溝通，因此每個星期和部門主管開會；每個月舉行「影印產品論壇」，和部門的員工代表直接溝通；員工每個月都會收到四至八頁的「影印產品通訊」，並且向員工提供直接與高層主管溝通的機會。

六個月以後，公司終於與一千五百個員工達成共識。公司狀況開始出現轉機，庫存量減少五〇%，部門生產率平均提高三十一倍。

事實證明，只有和員工達成共識，才可以和員工同心協力，成就偉大的事業。

心學堂 07

·彼·得·原·理·

作者　陳立之
美術構成　騾賴耙工作室
封面設計　斐類設計工作室
發行人　羅清維
企劃執行　張緯倫、林義傑
責任行政　陳淑貞

企劃出版　海鷹文化
出版登記　行政院新聞局局版北市業字第780號
發行部　台北市信義區林口街54-4號1樓
電話　02-2727-3008
傳真　02-2727-0603
E-mail　seadove.book@msa.hinet.net

總經銷　知遠文化事業有限公司
地址　新北市深坑區北深路三段155巷25號5樓
電話　02-2664-8800
傳真　02-2664-8801
網址　www.booknews.com.tw

香港總經銷　和平圖書有限公司
地址　香港柴灣嘉業街12號百樂門大廈17樓
電話　（852）2804-6687
傳真　（852）2804-6409

CVS總代理　美璟文化有限公司
電話　02-2723-9968
E-mail　net@uth.com.tw

出版日期　2021年02月01日　一版一刷
　　　　　2023年06月20日　一版八刷
定價　320元
郵政劃撥　18989626　戶名：海鴿文化出版圖書有限公司

國家圖書館出版品預行編目（CIP）資料

彼得原理：日子一久，每個職位都會由一個不能勝任的員工擔任 ／ 陳立之作. -- 一版. -- 臺北市 ： 海鴿文化，2021.02
面 ； 公分. --（心學堂；7）
ISBN 978-986-392-360-2（平裝）

1. 管理理論

494.1　　109021771